渤海湾典型蓝碳生态系统碳汇及修复研究

刘有才　马旺　张蒨◎著

河北科学技术出版社

·石家庄·

图书在版编目（ＣＩＰ）数据

渤海湾典型蓝碳生态系统碳汇及修复研究 / 刘有才，
马旺，张蒨著. -- 石家庄 ：河北科学技术出版社，
2024.5
　ISBN 978-7-5717-2090-2

　Ⅰ．①渤… Ⅱ．①刘… ②马… ③张… Ⅲ．①渤海湾
－生态系统－二氧化碳－资源管理－研究 Ⅳ．①P748

中国国家版本馆CIP数据核字(2024)第105809号

渤海湾典型蓝碳生态系统碳汇及修复研究
BOHAIWAN DIANXING LANTAN SHENGTAI XITONG TANHUI JI XIUFU YANJIU

刘有才　马旺　张蒨　著

责任编辑	焦聪聪	
责任校对	王丽欣	
美术编辑	张　帆	
封面设计	优盛文化	
出版发行	河北科学技术出版社	
地　　址	石家庄市友谊北大街 330 号（邮编：050061）	
印　　刷	河北万卷印刷有限公司	
开　　本	710mm×1000mm　1/16	
印　　张	18	
字　　数	260 千字	
版　　次	2024 年 5 月第 1 版	
印　　次	2024 年 5 月第 1 次印刷	
书　　号	ISBN 978-7-5717-2090-2	
定　　价	78.00 元	

前　言

　　介于海洋和陆地之间的海岸带地区主要存在红树林、盐沼和海草床等生境，因其捕获和埋藏的碳量远大于海洋其他部分所埋藏的碳量而成为海岸带蓝色碳汇（简称蓝碳）研究的重点。蓝碳是利用海洋活动及海洋生物吸收大气中的二氧化碳，并将其固定、储存在海洋中的过程和活动。海洋储存了地球上约 93% 的二氧化碳，据估算为 $4×10^{13}$ t，是地球上最大的碳汇体，并且每年可清除 30% 以上排放到大气中的二氧化碳。海岸带植物生物量虽然只有陆地植物生物量的 0.05%，但每年的固碳量与陆地植物相当。渤海湾典型蓝碳生态系统主要包括盐沼和海草床。

　　海滨盐沼是处于海洋和陆地两大生态系统的过渡地区，周期性或间歇性地受海洋咸水或半咸水作用，具有较高的草本或低灌木植被覆盖的一种淤泥质或泥炭质的湿地生态系统。其应具有以下几个基本特点：一是处于海滨地区，受海洋潮汐作用影响；二是具有以草本或低灌木为主的植物群落，盖度通常应大于 30%；三是潮汐水体为非淡水；四是基质以淤泥或泥炭为主。盐沼称为"地球之肾"，海滨盐沼在涵养水资源、海岸防护、维护生态平衡等方面发挥了重大作用，为实施京津冀协同发展战略方面提供了重要的生态支撑。党的十七大报告首次提出了生态文明理念，十八大和十九大大力度推进了生态文明建设。十八大以来，一系列重要海洋生态文明制度先后落地生根。2014 年国家海洋局印发了《海洋生态损害国家损失索赔办法》，2017 年国家海洋局印发了《海岸线保护与利用管理办法》，2018 年国家海洋局印发了《全国海洋生态环境保护规划（2017—2020 年）》，要求在全国全面建立实施海洋生态保护红线制度。2018 年国务院印发了《关于加强滨海湿地保护严格管控围填海的通知》（国发〔2018〕24号），新时期对海洋生态文明建设提出了更高的要求。

2020年6月，海草床生态问题被写入《全国重要生态系统保护和修复重大工程总体规划（2021—2035年）》，其中提出"全面保护自然岸线，严格控制过度捕捞等人为威胁，重点推动入海河口、海湾、滨海湿地与红树林、珊瑚礁、海草床等多种典型海洋生态类型的系统保护和修复。"2021年7月12日举办的海洋生态保护论坛的主题为"基于自然解决方案的海洋生态保护修复实践"，自然资源部、国家海洋局等相关领导作主旨报告，提出聚焦"双碳"目标，协同开展海洋领域增汇与减排，保护各类重要生态空间，稳固、提升蓝碳生态系统碳汇能力。2020年10月29日，中国共产党第十九届中央委员会第五次全体会议通过了《中共中央关于制定国民经济和社会发展第十四个五年规划和二〇三五年远景目标的建议》，建议中明确"碳排放达峰"为国家一项重大的战略部署。

为此，河北省自然资源厅资金资助了"河北省滨海湿地退化及生态修复技术集成与应用研究"（项目编码：13000021ZAY71UHX56S9W）、"河北省海草床生态系统固碳潜力评估及修复关键技术研究"（项目编码：13000022P00EEC4101025）、"河北省典型盐沼生态系统生态本底调查与评估"（项目编码：13000023P00EEC410196W），河北省科技厅财政资金支持了"河北省海草床海洋碳汇能力核算方法研究"（项目编码：226Z3301G）、"渤海湾典型盐沼碳输运及监测计量关键技术研究"（项目编号：236Z3303G），这些项目的主要目标是，以渤海湾海滨盐沼、海草床为研究对象，研究蓝碳生态系统的碳储量及生态修复技术集成与应用，为恢复海滨盐沼、海草床生态系统的生态功能提供研究基础及技术支撑。

本书是这些项目的主要成果之一，通过资料收集、遥感解译、补充调查等工作，基本查明了渤海湾盐沼和海草床蓝碳生态系统土地利用方式的演变及原因，通过技术集成，建立了基于生境微处理的退化海滨盐沼和海草床修复技术模式；充分利用恢复生态学原理、方法以及生态工程手段，明确了海草的初级生产力、碳固存能力和海草凋落物的自然降解速度的季节变化，评估了海草床固碳潜力，丰富河北省蓝碳生态系统碳收支数据资料，为提高河北省蓝碳生态系统的碳固存能力，恢复蓝碳生态系统的生态功能提供研究基础及技术支撑，助力"双碳"目标实现。

本书各章节的编写人员如下：第 1 章马旺、张蒨；第 2 章马旺、张蒨；第 3 章刘有才、马旺；第 4 章刘有才、张蒨；第 5 章刘有才、马旺、张蒨；第 6 章刘有才、马旺；第 7 章刘有才、马旺、张蒨。本书合计 26 万字，其中刘有才独立编写 10.3 万字，马旺独立编写 10.2 万字，张蒨独立编写 5.5 万字。

由于蓝碳生态系统碳汇和修复技术的复杂性和作者学识与水平有限，书中肯定会有一些不尽如人意的地方，衷心期望广大读者批评指正。

刘有才　马　旺　张　蒨
2024 年 1 月

目　录

1 项目概况

1.1 工作区范围

本项目研究区为整个河北省沿海地区，包括沿海 11 县（市、区）和向海一侧 12 nmile，研究区总面积大于 18700 km²，经纬度：117°4′52.625″~119°36′20.045″，37°55′32.195″~40°19′5.664″。本项目的工作区为河北省 7 个典型盐沼分布区和唐山海草床分布区。

1.1.1 盐沼分布区

本项目重点研究区为河北省沿海的七个滨海湿地的潮上带陆域部分，包括海兴湿地、南大港湿地、黄骅湿地、曹妃甸湿地、滦河口湿地、黄金海岸湿地、北戴河湿地，总面积为 763.91 km²，其中陆域面积为 503.41 km²，海域面积为 260.50 km²。

1.1.2 海草床分布区

海草床是保护海岸的天然屏障，与红树林、珊瑚礁同属三大典型的近海生态系统。根据收集的资料和前期调查成果可知，该海域海草床为国内现存已知温带海域面积最大的鳗草（原名大叶藻）海草床。本项目研究对象为唐山市曹妃甸和海港开发区海域海草床，遥感解译范围在东经 118°39′30″~118°46′30″，北纬 39°0′30″~39°8′30″，解译面积为 50 km²。根据 2022 年遥感解译数据，海草床面积为 42.75 km²，集中分布区面积约占总面积的 60%。

1.2 调查方法

1.2.1 海滨盐沼

1.2.1.1 调查方法

通过收集区域背景资料（水文、气象、地形、地质资料等）和河北省滨海湿地相关研究资料分析河北省滨海湿地现状、退化情况和退化原因。

对比重点工作区1990年、2000年、2005年、2010年、2015年、2021年六个年份的遥感图片，分析重点工作区的滨海湿地退化区域及趋势。收集重点工作区的相关研究资料（月降雨量、水文、历史遥感影像、1：10000万地形资料、植被分布和类型、土壤指标、地下水埋深、地表水和地下水水质、湿地开发利用情况等），在整理分析研究资料的基础上开展补充调查，调查植被、土壤和地表水等情况，计算各因素与植被生物量、多样性、丰富度、均匀度等的相关性，总结推论不同类型湿地退化的原因，给出湿地保护或植被修复的重点关注方向。

根据湿地退化现状和退化原因，优化配置技术资源和苗木资源，形成三种类型滨海湿地的生态修复的技术方法，给出河北省滨海湿地生态修复的技术模式。技术路线图如图1-1所示。

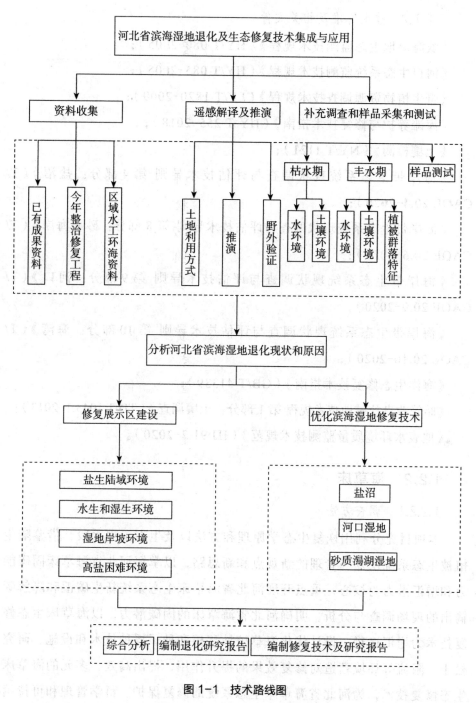

图 1-1 技术路线图

1.2.1.2 技术标准及相关文件

《滨海湿地生态监测技术规程》（HY/T 080-2005）；

《河口生态系统监测技术规程》（HY/T 085-2005）；

《野生植物资源调查技术规程》（LY/T 1820-2009）；

《海滩养护与修复技术指南》（HY/T 255-2018）；

《土壤检测》（NY/T 1121）；

《海岸带生态系统现状调查与评估技术导则 第 4 部分：盐沼》（T/CAOE 20.4-2020）；

《海岸带生态系统现状调查与评估技术导则 第 8 部分：砂质海岸》（T/CAOE 20.6-2020）；

《海岸带生态系统现状调查与评估技术导则 第 9 部分：河口》（T/CAOE 20.9-2020）；

《海岸带生态系统现状调查与评估技术导则 第 10 部分：海湾》（T/CAOE 20.10-2020）；

《海洋生态修复技术指南》（GB/T 41339）；

《暗管改良盐碱地技术规程 第 1 部分：土壤调查》（TD/T 1043.1-2013）；

《地表水环境质量监测技术规范》（HJ 91.2-2020）。

1.2.2 海草床

1.2.2.1 调查方法

本项目充分利用恢复生态学原理和方法以及生态工程手段，借鉴陆生植被生态系统恢复与管理的新观点和新思路，以掌握河北省海草床固碳能力和增汇潜力为核心，重点开展河北省海草床生态系统新生碳汇和降解碳输出的现场调查与分析，明确河北省海草床的固碳潜力；以海草床生态修复技术为增汇途径，设计优化海草植株移植和种子播种技术和设施，研究松土、阻流等环境营造对修复效果的提升作用，提出高效、多元的海草床生态修复技术，为河北省海草床生态系统的修复保护、科学管理和可持续利用提供技术支撑和应用范例。技术路线如图 1-2 所示。

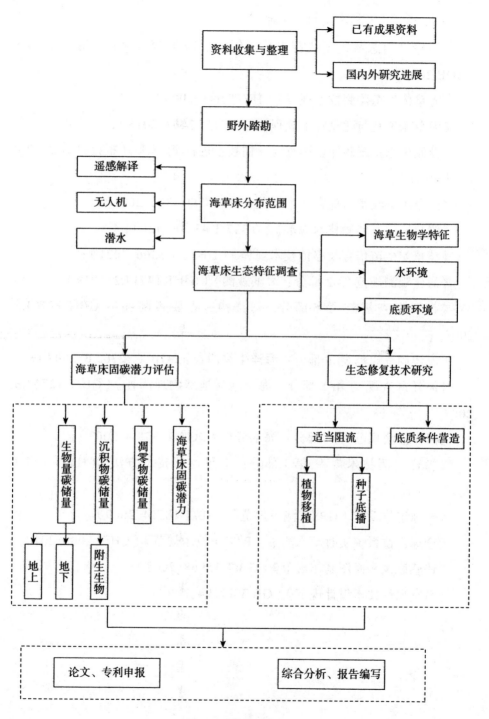

图 1-2 技术路线图

1.2.2.2　技术标准及相关文件

《海岸带生态系统现状调查与评估技术导则 第6部分：海草床》（T/CAOE 20.6-2020）；

《海草床生态监测技术规程》（HY/T 083-2005）；

《海草床恢复与建设技术规程》（DB21/T 2402-2015）；

《蓝碳生态系统碳储量调查与评估技术规程 海草床》（报批稿）（2020年11月20日）；

《鳗草种子收集与保存技术规范》（DB37/T 4340-2021）；

《鳗草床生态监测技术规范》（DB37/T 4341-2021）；

《鳗草实生苗培育及移植技术规程》（DB21/T 3366-2021）；

《海洋观测规范 第2部分：海滨观测》（GB/T 14914.2-2019）；

《海洋调查规范 第5部分：海洋声、光要素调查》（GB/T 12763.5-2007）；

《海洋调查规范 第6部分：海洋生物调查》（GB/T 12763.6-2007）；

《海洋调查规范 第8部分：海洋地质地球物理调查》（GB/T 12763.8-2007）；

《海洋监测规范 第4部分：海水分析》（GB 17378.4-2007）；

《海洋监测技术规程 第7部分：卫星遥感技术方法》（HY/T 147.7-2013）；

《全球定位系统（GPS）测量规范》（GB/T 18314-2009）；

《全球定位系统实时动态测量（RTK）技术规范》（CH/T 2009-2010）；

《遥感影像平面图制作规范》（GB/T 15968-2008）；

《航空摄影技术设计规范》（GB/T 19294-2003）。

1.3 研究综述

1.3.1 海滨盐沼

1.3.1.1 资料收集

前期收集到了"十三五"以来河北省实施的 7 个滨海湿地的整治修复项目资料，通过总结技术和成效，为实施本项目提供技术参考。

在滨海湿地方面，已有的研究成果包括滨海湿地相关研究报告和图件。其中河北省黄骅湿地（西区）生态修复项目，通过引水工程、植被修复工程、水文连通工程在黄骅湿地（西区）恢复滨海湿地 275 hm²；河北省南大港湿地（北部养殖池塘）生态修复，通过"退养还湿"、微地形整理工程、滩面营造、坡面的生态化改造工程在南大港湿地北侧的养殖区域恢复自然湿地 106 hm²；滦河口北岸滨海湿地整治修复工程项目，退养还湿（滩）面积为 300 hm²，岸堤生态化建设长度 3 km；秦皇岛市自然资源领域渤海综合治理攻坚战生态修复项目，修复受损海岸线 9.42 km，海域整治 31 hm²，海岸线防护工程 4.8 km，生态廊道建设 2 km，滨海湿地整治修复 230 hm²。

2020 年实施的《河北省海洋生态修复"十四五"规划前期研究》对河北省滨海湿地现状和存在问题进行了梳理。《河北省海岸带资源环境图集》、《河北省海洋综合图集》和《河北省海岸带综合图集》提供了河北省湿地资源和生物资源分布情况图件。河北省海岸带地质环境调查评价报告提供了河北省沿海的水文地质资料。北戴河邻近海域典型生态灾害与污染监控关键技术集成研究和北戴河湿地退化调查评价与生态修复规划项目提供了北戴河湿地的生态现状资料及存在问题。秦皇岛市、唐山市和沧州市海洋生态环境状况公报提供了河北省海洋生态环境资料。京津冀协同发展沧州 1∶5 万环境地质调查项目提供了海兴湿地的水文地质条件资料。《河北省自然保护地发展规划（2021-2035 年）》提供了海兴湿地、曹妃甸湿地、南大港湿地、昌黎黄金海岸湿地的相关资料。

1.3.1.2 滨海湿地修复技术研究

2021年7月自然资源部印发了《海洋生态修复技术指南（试行）》，提出了不同类型海洋生态系统的生态修复的基本要求、修复流程、前期调查、问题诊断与目标确定，修复措施和监测评估，海洋生态修复措施主要有：退塘还湿、拆除构筑物、人工植被恢复、微地貌修复、水系连通、沉积物修复、加强保育管理、污染物质排放治理、清理海漂垃圾、敌害生物防治、外来物种管理。该技术指南的下发，为项目的开展打下了坚实的基础。

1.3.1.3 政策背景及意义

气候变化是关乎人类生存和各国发展的重大问题，是21世纪人类面临的严峻的挑战之一。联合国政府间气候变化专门委员会（Intergovernmental Panel on Climate Change, IPCC）在《气候变化2013：自然科学基础》中指出：1951—2010年间，温室气体造成的全球平均地表增温可能在0.5℃至1.3℃之间。2018年10月IPCC发布了《全球1.5℃增暖特别报告》，预计全球气温在2030—2052年会比工业化前升高1.5℃，如果气候变暖以目前的速度持续下去，世界将面临前所未有的环境挑战。应对这些变化的关键是实现碳中和，基本途径包括碳减排和碳增汇。自然植被的碳储量及固碳潜力成为各国碳汇和碳循环研究的重点。

介于海洋和陆地之间的海岸带地区主要存在红树林、盐沼和海草床等生境，因其捕获和埋藏的碳量远大于海洋所埋藏的碳量而成为海岸带蓝色碳汇（简称蓝碳）研究的重点。

海滨盐沼是指受海洋潮汐周期性或间歇性影响、有盐生植物覆盖的咸水或淡咸水淤泥质滩涂。盐沼较高的碳积累速率和较低的CH_4排放量，使其碳汇作用更加明显，成为蓝碳的重要组成部分。研究表明，地下储碳是碳储量的主要部分，地下储碳通常占整个海滨盐沼生态系统碳库的65%~95%。在高潮带盐沼中，地上生物量占总碳库的比重更大。

1.3.2　海草床

1.3.2.1　近年来开展的海草床相关工作

2018—2019年，中国科学院海洋所与唐山海洋牧场在唐山国际旅游岛海域开展大规模海草床修复工作，一次性播种海草种子100万粒。唐山海域海草床是目前国内发现面积最大的海草床，也是我国面积最大的单种（鳗草）海草床。项目组前期多次实地考察，根据海草生长习性确立了适宜的修复区，后期将进行恢复效果追踪。此外，项目组在该海域开展了多次茎枝移植修复工作，海草成活率均达90%以上。

2020年实施"曹妃甸龙岛西北侧海草床生态保护与修复（一期）"，完成人工移栽海草植株450万株，人工海底播海草种子800万粒，形成补植保育区155.1 hm²，形成人工修复区144.9 hm²，工程区总面积为300 hm²；移植植株平均存活率达到50%以上，种苗建植率平均达到20%以上。项目的实施完成，将遏制项目海域海草床的退化趋势，并最终形成自我维持的健康海草床生态系统，不仅能够起到提高沿海地区生产力、养护生物多样性、保护海岸免受侵蚀，以及缓冲污染和极端气候事件的影响等作用，还能促进区域海洋经济的健康可持续发展，成为海洋经济增长的新引擎，也为其他海域的类似滨海湿地修复项目提供范例。

1.3.2.2　海草床碳汇研究进展

一是国际海草床碳汇研究进展。海草床生态系统碳汇主要包括海草床初级生产碳汇、海草床底栖藻类碳汇、海草床增殖碳汇和捕获沉积碳汇等。海草床是地球上生产力较高的生态系统之一，海草植物、附着生物和大型藻类等通过光合作用固定碳并存储在生物体内，使大量有机碳稳定存储于沉积物中。海草床产生的大量纤维和木质素类物质（根和根茎）能够形成数米甚至十几米的海草碎屑层，固碳能力极强。海草生长区面积不足海洋总面积的0.2%，但每年海草床生态系统固存的碳占全球海洋碳固存总量的10%~15%，比热带雨林的碳存储速度快35倍。研究表明，全球海草床沉积物有机碳的储量相当于全球红树林与潮间带盐沼植物沉积物碳储量之和。

海草生态系统的固碳能力仅略低于红树林，高于所有其他类型的海洋生态系统。

自 1999 年以来，超过 7000 万海洋被子植物鳗草的种子被播撒到美国东海岸弗吉尼亚潟湖，成功恢复了 36 km² 的海草床，发达的草甸培育了多样化的动物群落，促进了海湾扇贝的恢复，每年能吸收约 3000 t 碳。2019 年联合国环境规划署和全球环境基金近日共同实施了"蓝色森林"项目，"蓝色森林"项目通过保护红树林，在自愿碳交易市场上销售碳信用额度，收益用于支持社区发展活动。目前，该项目已在肯尼亚成功运作。2020 年 3 月，弗吉尼亚州通过立法，允许恢复的海草床计入碳抵消信用额度。

二是国内海草床碳汇研究进展。我国海岸带蓝碳资源丰富，滨海湿地面积约为 5.79×10^6 hm²，固碳潜力巨大。作为海洋碳循环活动积极活跃的区域，海草床的固碳速率高、固碳能力持续、储碳周期长，在气候变化中发挥着不可替代的作用。近年来，我国通过严格管控围填海、实施"蓝色海湾"及海岸带保护修复等重大生态系统修复工程，极大地恢复了我国海岸带生态系统面积、服务功能，有效地稳定了、提升了海岸带生态资源的固碳能力。

我国积极推动蓝碳基础理论、调查监测和评估标准体系建设，科学指导蓝碳资源保护和利用。海岸带蓝碳目前还停留在各生境的定性认识和初步研究阶段，定量分析、系统研究和核算评估所需的标准化调查、监测方法方面还一片空白。积极推动蓝碳基础理论、评估技术、增汇方法、政策研究，建立蓝碳研究国家重点实验室，设立蓝碳重大专项。借鉴吸收国际已有的方法标准体系，在对红树林、海草床、滨海湿地等典型生态系统调查监测的基础上，建立我国蓝碳调查、监测、评估和核算标准及方法体系，争取推动形成国际标准。建立涵盖卫星遥感、航空测量、在线监测、现场调查的全国蓝碳资源立体监测网络。定期开展蓝碳普查、专项调查、跟踪监测等基础性调查监测活动，利用野外观测站开展长期跟踪监测活动，建立蓝碳数据库，为蓝碳价值评估和核算交易提供服务。

探索建立蓝碳交易机制，促进生态资源市场价值实现。我国利用蓝碳市场的区域性特征，推动具备条件的沿海省份开展蓝碳市场的试点建设，通过地方先行先试，逐步探索和完善蓝碳市场建设和配套法律制度建设。加强与金融机构合作，创新开发适合蓝碳特点的交易产品、交易模式，发展基于蓝碳增汇和绿色低碳的海洋经济金融产品，如碳融资、碳证券、碳保险等，加强风险管控，通过降低交易风险，优化金融服务，提高碳交易的流动性和活跃度，形成"蓝碳＋金融"模式，充分发挥资本要素与蓝碳资源要素对接作用助推海洋经济高质量增长。

2021 年深圳市出台了首个《海洋碳汇核算指南》，构建了科学规范和具有可操作性的海洋碳汇标准体系。2021 年 4 月，广东省湛江市开发出我国首个红树林蓝碳交易项目，为全国开展蓝碳交易积累了技术和经验。

1.3.2.3 海草床修复技术研究进展

一是国际海草床修复技术研究进展。随着海草床的减少，海草床的恢复越来越受到人们的关注，许多国家先后开展了研究工作，取得了一些成效。澳大利亚科学家进行了海神草属（Posidonia）的移植研究，在法国和意大利成功移植了欧海神草（Posidonia oceanica），葡萄牙科学家探讨了在欧洲南部移植罗氏鳗草的最佳季节，科学家采用了不同的移植方法来恢复鳗草海草床。美国学者开展的研究工作主要是针对鳗草海草床。Fonseca 总结了海草床恢复的主要目的有提高海草的覆盖度、补偿丧失的海草覆盖度、增加海草床面积、弥补减少的海草床面积、恢复海草床动物的丰度。海草床的恢复主要依靠海草的种子或者构件（根状茎），主要的方法有生境恢复法、种子法、移植法。

生境恢复法中值得一提的是人造海草实验：用塑料袋模拟聚伞藻叶片，系在铁丝网上放入海底。这种方法减缓了波浪的冲击，减小了底质的活动，增强了沉积物的稳定性，有利于海草的生长。海草是种子植物，种子是海草繁殖的重要器官。据报道，种子在海草的生长、繁殖中起着重要的作用，比如鳗草、日本鳗草种子。近年来，种子被应用于海草床恢复和重建中的例子越来越多。澳大利亚开展的草块移植研究比较多。万克伦（Van keulen）等移植了 3 种海草，采取了直径为 5、10、15 cm 的圆柱状的草块，比较得出直径是 15 cm 的草块的成活率最高。佩林（Paling）等介绍了一种移植海草的机器 ECOSUB1，将海草移植推向了机械化。ECOSUB1 是一种集采集和栽种于一体、专用于水下海草移植的设备，长 5 m、宽 3 m、高 3 m，排水量大约 3 t。该机器可以采集长 55 cm、宽 44 cm、厚 35 cm~50 cm 的草块，包括完整的根状茎、根、枝、底质，装进金属箱运送到移植地点栽种。利用该机器在澳大利亚西部开展了 3 种海草的移植实验，平均成活率为 57%。佩林等改进了 ECOSUB1 的动力系统研发了 ECOSUB2，提高了移植的效率。ECOSUB1 和 ECOSUB2 将海草的移植工作机械化，使大规模的海草移植成为可能。在美国新罕布什尔州的鳗草移植实验中，戴维斯（Davis）等发现，相对传统方法，水平根状茎法最大可以减少 80% 的根状茎使用量，并且还可以保持相同甚至更高的成活率。该方法移植单元的两段根状茎平行且反向，可以向两个相反的方向生长；在采集时就可以完成处理，避免多重操作；用可降解的材料作固定物，对环境无污染。实验证明，水平根状茎法是成功的，适合大规模的海草移植。

二是国内海草床修复技术研究进展。范航清等首次提出了海草床保护恢复的思想。任国忠等开展了养殖塘鳗草的移植工作，刘元刚等也进行了同样的尝试，两者都采用了根状茎法，都是在养殖塘中，涉及的海草都是鳗草，目的也都是为了提高经济动物的产量。这两文开创性地研究了中国海草的移植工作，并且取得了成功，为海草的移植奠定了一定基础。在海草床的恢复中，移植单元的有效固定是移植工作的难点，草块法保存了完整的底质，能将移植单元有效地固定在沉积物中。但是，移植单元的采集往往需要挖掘，对海草床造成了二次破坏。在野外调查时发现，广西有很多海草床分布在海堤内的虾塘、盐田和储水塘内。这些海草床水体流动相对缓慢，受人为干扰相对较少，海草的生长情况常常优于潮间带。因此可以将其作为海草移植的"种源地"和天然的"种子库"，一旦潮间带的海草床减小或者灭绝，还可以成为重建海草床的关键力量。

自然资源部第三海洋研究所海洋保护生态学团队发表最新研究成果，首次识别我国华南沿岸海草床潜在适生区分布，并绘制海草床生态保护和修复优先区。该研究可为海草床的保护与修复行动提供科学依据，并为海洋国土的生态空间管理提供可用的规划工具。研究团队提出了将生境适宜性和人类活动压力耦合的二维评估框架，采用物种分布模型，在华南沿岸预测了约 3536~4852 km² 的海草床潜在适生区，并设计综合暴露指数对人口、渔业经济、水产养殖和航运等直接或间接人为压力进行了估算，在此基础上首次识别了我国华南沿岸海草床保护与修复的优先区。海洋三所海洋保护生态学团队在海草床生态保护领域开展了一系列创新性研究。从海草床食物网、生态连通性，到保护空间规划，形成了微观至宏观的多层次研究体系。这些研究完善了对海草床生态系统食物网的认识，证实了海草及其附着生物是海草床鱼类和底栖生物的主要有机碳源，在海草床生态系统食物网的能量流动中起着关键作用；揭示了海草床微生境的多样性，提出礁栖生物利用多样化的微生境为海草床和珊瑚礁之间的宏观连通性提供支持。

2　区域概况

2.1　地理位置

河北省海岸带位于北纬 38°07′14″~40°01′37″，东经 117°23′07″~119°57′02″，海岸线全长 487 km。河北省海域位于渤海西部，被天津市分为南北两段，北部东起秦皇岛市山海关区渤海镇张庄崔台子，与辽宁省海域交界，西至唐山市丰南区黑沿子镇涧河村，与天津市海域交界；南部北起沧州市黄骅市南排河镇歧口，与天津市海域交界，南至沧州市海兴县大口河口，与山东省海域交界。河北省管辖海域内共有海岛 5 个，均为无居民海岛。沿海行政区包括秦皇岛市、唐山市和沧州市 3 个地级市的 15 县（市、区）组成（秦皇岛经济技术开发区、山海关区、海港区、北戴河区、北戴河新区、抚宁区、昌黎县、乐亭县、唐山海港经济开发区、滦南县、曹妃甸区、丰南区、黄骅市、渤海新区、海兴县），下辖直接临海的乡级行政区划单位 38 个。

海草床位于河北省唐山市曹妃甸区和海港经济开发区海域，地处唐山南部沿海、渤海湾中心地带。其中，曹妃甸区的面积为 1943.72 km²，位于北纬 39°07′43″~39°27′23″，东经 118°12′12″~118°43′16″。曹妃甸区位于环渤海中心地带，毗邻北京市、天津市两大城市，距唐山市中心区 80 km。距离北京市 220 km，距离天津市 120 km，距离秦皇岛市 170 km，是连接东北亚的桥头堡，是唐山市打造国际航运中心、国际贸易中心、国际物流中心的核心组成部分,是河北省国家级沿海战略的核心,是京津冀协同发展的战略核心区。

2.2 气象

调查区域属暖温带半湿润大陆性季风型气候地区。春季,蒙古冷高压渐弱,太平洋副热带高压日益加强,冷暖空气交锋频繁,天气多变,早春偶有倒春寒和大风天气发生,降水稀少,干旱。夏季,因亚洲大陆强烈增温,受西太平洋副热带高压影响,天气闷热多雨。一般6月中下旬入汛,8月中下旬汛期结束,盛汛集中在7月下旬到8月上旬。因夏季风来临、退却有早有迟,形成雨量或多或少,可能会造成旱涝灾害。秋季,随蒙古冷高压日益加强,太平洋副热带高压南撤东退,致使天气晴朗,昼暖夜凉,气温迅速降低,形成秋高气爽少风的天气。冬季,受蒙古冷空气影响,西北风较多,天气寒冷干燥,降水量稀少。

2.3 水文

2.3.1 陆地水文

根据《河北省海岸带资源调查与评估研究报告》可知,河北省沿海共有入海河流52条,由滦河、冀东沿海诸河和南运河三大水系入海。入海河流主要有洋河口、大蒲河口、滦河口、小清河口、洇河口、南排河口、大口河口等。多年平均入海水量为 4.260×10^9 m³,入海沙量 1.11337×10^7 t。

2.3.2 海洋水文

2.3.2.1 海水温度

根据《河北省海洋资源调查与评价综合报告》资料统计,1980—2002 年,秦皇岛海域年平均表层海水温度为 15.1℃,海水表层水温月均值

范围在 -5~30℃。唐山和沧州海域年平均表层海水温度为 13.5℃，均为 1 月温度最低，8 月温度最高。

2.3.2.2 盐度

河北海区平均盐度具有春季较高、夏秋季较低的特点，最高值出现在 5—6 月份，最低值出现在 8 月份。1980—2002 年秦皇岛海区平均盐度范围为 29.560‰~32.762‰，唐山和沧州海区为 27.556‰~33.516‰。

2.3.2.3 风浪

河北省管辖海域受季风的控制，冬季盛行偏北向风浪，夏季多偏南向风浪；春、秋季浪向不稳定，且各向风浪频率较小。波浪均以风浪为主，涌浪比例较小。每年的 12 月至翌年 2 月为冰封期。秦皇岛海域 1974—1984 年的波浪资料表明，风浪频率为 96%，涌浪频率为 38%。南段海域纯风浪频率占 66.8%，纯涌浪较少见，混合浪频率占 33.2%。

2.3.2.4 潮汐

受到海岸线曲折复杂程度和海底地形的影响，河北省海域潮汐变化复杂，辽宁省宁海至秦皇岛为正规日潮区，人造河口至新开口为不正规日潮区，滦河口至曹妃甸为不正规半日潮区，南堡附近为正规半日潮区，南堡以西及岐口以南沿岸均为不正规半日潮区。秦皇岛与唐山海域河流流向基本与海岸走向一致，为往复流，沧州海域海流流向与海岸线垂直，为旋转流。

2.3.2.5 含沙量

河北省海域海水含沙量为 0.6~163.9 mg/L，大清河以东海域海水含沙量较低，唐山丰南至南堡海域最高，沧州海域次之；海水含沙量的垂线分布由表层向底层逐渐变大；各站大、小潮期含沙量的差别较小，近岸含沙量小潮期高于大潮期，远岸含沙量小潮期低于大潮期。

2.4 海洋水动力条件

2.4.1 潮汐特征

2.4.1.1 秦皇岛海区

秦皇岛海域的潮汐比较复杂，按调和常数计算，潮汐类型判别数为 4.73，应属于正规日潮区，实际上比正规日潮复杂得多。资料表明，每月出现日潮的天数，最多的达 26 天，最少的只有 5 天；连续出现日潮天数最长的达 13 天，最短的为 3 天。日潮开始日期多在阴历初七至阴历初九和阴历二十一至阴历二十五；结束日期多在阴历十四至阴历十七和阴历二十八至阴历初一，但阴历初二、阴历初三和阴历十六、阴历十七出现日潮者也并不少见。

2.4.1.2 唐山海区

对曹妃甸一年完整（2000 年 10 月 16 日至 2001 年 10 月 15 日）的潮汐资料进行统计分析，得出曹妃甸附近海域潮汐特征值。经计算，曹妃甸的潮汐类型判别数为 0.79，属于不正规半日潮区。平均潮位具有冬低夏高的特点，2 月份平均潮位最低，为 152 cm；8 月份平均潮位最高，为 204 cm。年平均潮位为 177 cm。月最高潮位（338 cm）出现在 9 月份，月最低潮位（14 cm）出现在 12 月份。平均潮差夏半年较大、冬半年较小，年平均潮差为 140 cm，年最大潮差为 274 cm。

2.4.1.3 沧州海区

根据 1983 年黄骅盐码头潮位调和常数计算，本海区潮汐类型判别数为 0.54，按我国现行潮型划分标准，本海区属不正规半日潮。本海区的日潮不等现象较显著，每个太阴日中的两个高潮和两个低潮的高度相差较大，且低潮较高潮更为明显。据回归潮统计，高高潮 324 cm，低高潮 309 cm，高低潮 142 cm，低低潮 40 cm。回归潮平均高潮位仅差 15 cm，而平均低潮位则有 102 cm 之差。

2.4.2 海流特征

2.4.2.1 流向

平面上，北片海域实测海流的流向基本与海岸走向一致，南片海域几乎与海岸线垂直。垂线上，流向基本一致。秦皇岛海域涨潮流流向基本集中出现在南西、西南西两个方位中，落潮流流向基本集中在北东向、东北东向两个方位中；唐山东部海域的涨潮流流向基本集中出现在南南西向、南西向两个方位中，落潮流流向基本集中在北北东向、北东向两个方位中；唐山中部海域的涨潮流流向主要出现在西南西方位中，落潮流流向主要出现在东北东方位中；唐山西部海域流向集中，其近岸测站涨潮流流向集中出现在北北西方位中、落潮流流向集中在南南东方位中，远岸测站（涨潮流流向则集中出现在北西方位中，落潮流流向集中在南东方位中；沧州海域的流向则非常分散，涨潮流流向基本出现在西向方位中，落潮流流向基本在东向方位中。

2.4.2.2 流速

秦皇岛海域的流速较小，一般在 20 cm/s 以内；唐山东部海域的流速比秦皇岛海域流速大些，大都在 40 cm/s 以内；唐山中西部海域的流速最强，最大为 102 cm/s，流向为 314°，出现在大潮期的 HBL112 测站的表层，但是流速在各个量级中的分布较为平衡；沧州海域的流速仅次于唐山中西部海域，流速出现的量级比较分散，但大都在 50 cm/s 以内。垂线上的流速分布，随深度的增加流速有递减的趋势。

2.5 地质环境概况

2.5.1 滨海湿地地质环境概况

2.5.1.1 潮间带地貌

饮马河以北潮间带较窄，一般小于 500 m，由此向南，潮间带逐渐加宽，到乐亭县西部可达 1~3 km。曹妃甸地区达到 20 km，该区为海湾潟湖，水深 1~2 m，低潮时潟湖大部分出露成为海滩。

2.5.1.2 近海海底地貌

本区海域水浅、海域宽阔，黄河、滦河、海河水系等入海河流大多含沙量高，全新世以来又不断迁徙改变河口位置，在潮汐、波浪、沿岸流、密度流等海洋动力因素共同影响下，造成了近海海底多种多样的地貌类型。水下三角洲、水下浅滩、海流堆积平原、水下古河道、海湾潮流三角洲、水下沙脊、侵蚀凹地、冲刷槽、潮流脊、冲刷潭等，构成了本区近海海底地貌景观。

2.5.2 海草床地质环境概况

2.5.2.1 地形

研究区为滦河扇形三角洲的前缘沙坝，形成于全新世中期（距今8000~3000 a）；后经波浪冲刷作用及沉积物压实作用，逐渐发育有离岸砂坝、贝壳沙堤、潟湖、潮流通道。滨外坝低潮出露，高潮淹没，构成砂坝—潟湖体系。海岸线平缓，具有双重岸线特征，其中内侧大陆海岸线为沿滦河古三角洲前沿发育的冲积海积平原，沿岸多盐田、潮滩发育。潟湖平均水深 1~2 m，最大水深 5~6 m，低潮时潟湖大部分出露，成为潮滩。

2.5.2.2 含沙量

根据收集的资料，并收集和筛选工程区附近多幅卫星遥感影像进行分析。经分析得到以下主要结论。

一是研究区海域大范围水体含沙量维持在相近量级，甸头东西两侧含沙量数值差异不大，且含沙量绝对值不高；

二是含沙量数值与潮差关系良好，体现在大潮期含沙量高于小潮期。大潮全潮平均含沙量在 0.074~0.172 kg/m³，小潮全潮平均含沙量在 0.056~0.097 kg/m³；大潮全潮最大含沙量为 0.107~0.271 kg/m³，小潮全潮最大含沙量在 0.090~0.171 kg/m³。

总体来说，研究区海域大范围水体含沙量不高，整体在 0.05~

0.30 kg/m³ 之间。含沙量数值与潮流流速关系良好，流速越大，含沙量越大。

2.5.2.3 底质分布

研究区海域已进行多次大规模底质采样分析研究。研究区海域水体悬沙组分主要为黏质粉土、砂质粉土、粉砂、细砂、粉砂夹黏性土，其中值粒径在 0.008~0.017 mm 之间。甸头西侧悬沙粒径低于东侧。各测站处涨落潮悬沙粒径差异微弱，可视为相同。分析表明，研究区海域沉积物粒径分布具有由岸向海、自东向西、由粗到细的变化规律，同时具有近岸浅水区沉积物质粗、深水区沉积物质细的分布趋势。这种规律的变化与其波浪、潮流长期作用的结果是相适应的，具体反映了泥沙由东向西运移和沉积的规律，以及东部向西部泥沙运移供给不足的状态。

2.6 海洋环境现状

根据资料收集，调查范围以龙岛东西南边界为起点，向海域延伸各不少于 15 km 所包围的矩形海域，北侧以海岸线作为界线，调查区约为 850 km²。春季和秋季调查结果均显示，调查海域各站位各评价因子均符合二类海水水质标准，满足所在功能区海水水质标准要求，调查海域海水水质环境较好。结果显示，海草床及周边海域的环境比较适宜大面积海草床的生长。

2.6.1 海洋沉积物调查结果分析与评价

秋季调查结果显示，除个别站位石油类、硫化物含量超第一类海洋沉积物质量标准符合第二类海洋沉积物质量标准外，其余各站位各评价因子均符合第一类海洋沉积物质量标准。

秋季潮间带沉积物调查结果显示，各评价因子均满足一类海洋沉积物质量标准，调查海域潮间带沉积物质量较好。

2.6.2 海洋生物生态调查结果分析与评价

2.6.2.1 叶绿素 a 调查及评价结果

春季调查海域表层、底层叶绿素 a 平均值均为 0.91 μg/L，低于 1 μg/L，因此该海域的叶绿素 a 处于较低水平。表层和底层叶绿素 a 含量空间分布总体一致，均在曹妃甸工业区填海区东北侧出现一个高值区，在龙岛附近海域出现低值区。

秋季调查海域表层、底层叶绿素 a 平均值均为 8.79 μg/L，其中有 10 个站位的叶绿素 a 表层或底层的浓度超过 10 μg/L，理论上有爆发赤潮的风险。

2.6.2.2 浮游植物现状调查与评价结果

春季调查海域浮游植物的优势种有 6 种，均为硅藻。第一优势种为翼根管藻，其优势度为 0.391，高值区主要分布在龙岛东侧海域；第二优势种为夜光藻，其优势度为 0.0416，其高值区主要分布在龙岛东南侧海域。

秋季调查海域浮游植物的优势种有 5 种，均为硅藻。第一优势种为威氏圆筛藻，其优势度为 0.380，高值区主要分布在曹妃甸填海区东北侧近岸海域；第二优势种为格氏圆筛藻，其优势度为 0.251，其高值区也主要分布在曹妃甸填海区东北侧近岸海域，其余站位呈现调查海域西侧高、东侧低的趋势。

2.7 自然资源概况

2.7.1 海岸线和空间资源

2.7.1.1 海岸线

曹妃甸主要利用的海岸线范围为双龙河嘴东口至青龙河口。曹妃甸依托深水海岸线资源，在相关港口、城市、产业等规划的指导下，已经进行了大规模的工业区开发建设，围海造地面积约为 280 km²，形成码头海岸

线长度约为 70 km，其相邻滨海新城、旅游岛开发等相关项目也正在逐步
实施。

2.7.1.2 深槽

曹妃甸海域最优越的海洋资源就是曹妃甸沙岛甸前深槽的深水资源，
从甸头向前延伸 500 m，水深即达 25 m，甸前深槽水深达 36 m，是渤海湾
最深点。由曹妃甸向渤海海峡延伸，有一条水深达 27 m 的天然水道，通向
黄海。水道与深槽天然结合，构成了曹妃甸建设大型深水港口得天独厚的
优势。

2.7.1.3 海洋空间资源

曹妃甸区域滩涂面积为 819 km²，浅海面积为 2114 km²；耕地、林地、
草地面积为 1.3 km²，仅分布在菩提岛、月岛等沙岛上。曹妃甸甸头为一天
然形成的沙岛，沙岛高潮时面积约为 4 km²，低潮时面积约为 20 km²。曹
妃甸海域的海岸与曹妃甸沙岛之间约 18 km 的范围均为浅滩，零米水深线
面积达 150 km²。目前随着曹妃甸工业区的开发建设，曹妃甸沙岛及沙岛与
后方原有海岸线之间广阔的滩涂资源已进行了大规模的填海造地工程，形
成曹妃甸港区及工业区建设用地。

2.7.2　海洋生物资源

根据《唐山市曹妃甸附近海域生物及生态环境现状调查与评价专题报
告》可知，曹妃甸附近海域有各种海洋生物 660 余种，其中，有较高经济
价值的有 30 余种；浮游植物有 48 种，群落组成基本以硅藻类为主，属于
较典型的北方海域种类组成，其优势度较显著；浮游动物共 6 大类 31 种，
组成单纯、个体数量大；底栖生物共 5 大类 36 种，分布不均衡，优势种
有菲律宾蛤仔、扁玉螺、四角蛤蜊、毛蚶等。适宜筏式养殖的浅海面积为
1.8×10^5 hm²，适宜底播养殖的浅海和滩涂（潮间带）面积大于 5×10^4 hm²，
适宜池塘养殖的滩涂（潮间带）面积约为 4×10^4 hm²。

2.7.3 海洋油气资源

唐山海域地处我国重要的油气构造区——渤海盆地，有乐亭、石臼坨、沙南、渤中、南堡等凹陷和石臼坨、沙垒田、马头营等凸起，在凹陷及相邻凸起带上形成油气富集区，组成复式油气聚集带，油气资源储量丰富、勘探潜力大、开发利用前景广阔，探明石油储量为 6.3×10^8 t。

2.7.4 风能资源

唐山沿海地区是全省风能资源的富存区，属全国沿海风能较丰富区，年有效风能贮量 1034~1457 kW·h/m²，开发潜力巨大。各季风能以春季最大，冬季次之，夏秋较小。

2.7.5 海洋渔业资源概况

渤海湾北部历史上曾是渤海主要捕捞作业区之一，其渔业资源密度较高，在渤海的渔业生产中占有较为重要的位置。历史上渤海湾还是毛虾、中国对虾和小黄鱼的主要捕获渔场，由于近年来渔业资源衰退，该区经济鱼类、毛虾、对虾产量下降，已难形成大的渔汛。但近年伏季休渔、人工放流等措施实施以来，一些经济鱼类、对虾、海蜇等年产量有了一定的恢复。

3 渤海湾典型蓝碳生态系统概况

渤海湾蓝碳生态系统主要包括海滨盐沼和海草床生态系统。海滨盐沼包括海兴湿地、南大港湿地、黄骅湿地、曹妃甸湿地、滦河口湿地、昌黎黄金海岸湿地、北戴河湿地共七个湿地。

3.1 海兴湿地概况

3.1.1 地理位置

海兴湿地位于河北省沧州市海兴县东部，东临渤海，是在河流动力、海洋动力以及人为活动综合作用下形成的河流、浅滩、沟槽、沼泽、盐田和积水洼地等组合而成的复合型滨海湿地，地处东经 117°35′~117°46′、北纬 38°7′~38°17′ 之间。它西距县城（苏基镇）5 km，东临渤海，海岸线北起黄骅市的新村，南面隔漳卫新河与山东省无棣县相望。湿地南北最长 23 km，东西最宽 18 km，湿地总面积为 16800 hm²，其中核心区面积为 3586 hm²，缓冲区面积为 3009 hm²，实验区面积为 10205 hm²。2005 年 11 月，经河北省政府批准建立河北海兴湿地和鸟类省级自然保护区。湿地所属的海兴县区位优势明显，西北距沧州市 71 km，距首都北京市 240 km，北距天津市 120 km，西距省会石家庄市 261 km。

海兴湿地具有独特的地理位置和自然景观以及草甸、沼泽、水域等多种生态系统，是珍稀鸟类等国家保护动物在华北中南部平原的理想栖息地，是鸟类在东亚—澳大利亚之间两条平行迁徙通道西线上的重要"中转站"。

3.1.2 地貌

海兴湿地地貌总趋势为西南部较高，东北部略低，坡降 1.2/15000，海拔（黄海高程）在 1.0 m~3.0 m 之间。本区现代地貌的基底是太古代形成的结晶片岩、花岗片麻岩和混合岩。区域内地貌差异较大，由于河流、沟渠纵横交错，形成了微起伏的河流、河间洼地、沼泽、山丘等内陆地貌类型；由于潮沟深入内陆，腹地宽广，形成大面积的淤泥质海滩。

3.1.3 地质构造

海兴湿地地处华北平原沉降带的东部，受北北东向断裂活动影响，形成了一系列相互分割的地堑和地垒，下陷部分形成台陷，上升部分形成台拱。本区由两个三级构造单元组成，自西向东为黄骅台陷和埕宁台拱，基底构造复杂，每个构造单元内次一级构造发育。

3.1.3.1 黄骅台陷

黄骅台陷包括渤海湾北、西两侧的滨海地带及部分水域，平面自南而北由北北东向转为北东东向，南段收拢，北段撒开，周边被断裂围限。该区的前新生界基岩发育齐全，自中上元古界至侏罗系、白垩系累积厚逾万米。黄骅台陷区总面积为 1000 km²，基岩埋深 1250~8000 m。

3.1.3.2 埕宁台拱

埕宁台拱仅跨占渤海西南岸的河北省域一隅，古体在山东境内。该区新近系直接覆盖于太古界或下古界之上，早第三纪相对隆起。工作区小山有火山熔岩及火山碎屑组成的火山口地貌。在第四系中可见 3~4 层玄武岩及凝灰岩，基岩埋深小于 1000 m。

3.1.4 水文地质条件

3.1.4.1 地下水含水层组划分

由于受不同地质历史时期的古气候、古地理沉积环境，以及新构造运动等诸多因素的控制，含水岩层在不同深度的分布形态和发育程度，均存在差异性，并导致它们的水力性质、水化学特征，以及地下水动态等水文地质条件发生了相应变化。含水组的划分是以第四系为基础，以水文地质要素和开采利用技术条件为依据。

3.1.4.2　地下水位埋深

一是浅层地下水位埋深。赵毛陶镇—郑龙洼村—大范庄村—新立庄村—周良志村一线以东以南地区水位埋深在 1~2 m；杨槐庄村—后丁村一线及张褚村至赵毛陶村一线两侧地区水位埋深在 3~4 m；其余地区水位埋深在 2~3 m。

二是深层地下水位埋深。海丰村—海兴县盐务管理局—青锋农场一线以东地区水位埋深为 40 m 以下，张皮庄村—常庄子村—韩赵庄村一线以东地区水位埋深为 40~45 m，大摩河村—周良志村—青先农场—西白庄子村—前程村—大路庄一线以东及褚村店子村—翟褚村一线两侧地区水位埋深为 45~50 m，剩余地区水位埋深大于 50 m，最深可达 62.04 m。

3.1.5　水文特征

湿地内既有淡水区（杨埕水库、河流、坑塘），也有盐水区（滩涂、盐田、海水养殖场），是典型的滨海复合湿地。湿地土壤以滨海盐土为主，面积约占湿地区域总面积的 80%，其成土母质是黄河、淮河冲积物，由于海水和高矿化度地下水的长期浸润而形成盐土，其上无植被。在湿地东南部的杨埕水库等长年积水洼地还发育着小部分沼泽土，生长狐尾藻、金鱼藻、小眼子菜等水生植物和芦苇、蒲草等湿地植物。

另外，目前尚未开发利用的部分盐碱荒地，土壤含盐量在 1‰以上，地下水埋深 1~2 m，面积约占 10%，属盐碱土，其上生长一些盐地碱蓬、白刺、白茅、二色补血草等耐盐植物。

3.1.6　物种多样性

海兴湿地内低洼盐碱，水域广阔，耐盐碱的陆生植物、潮湿环境的湿生植物，以及各类水域环境的水生植物比较丰富。有野生维管束植物 146

种，主要有芦苇、碱蓬、盐地碱蓬、白刺、柽柳、灰绿藜、碱茅、白茅、狗尾草等，多为一年生草本植物。在水库、鱼虾养殖池及盐田水汪，分布着以轮叶狐尾藻、狐尾藻、菹草和小眼子菜为主的沉水植物。

有水生浮游植物 38 种，底栖动物 45 种，鱼类 59 种；陆栖无脊椎动物中蛛形纲 1 目、10 科、20 种；昆虫纲动物 12 目、89 科、185 种；陆栖脊椎动物 4 纲、26 目、73 科、295 种，其中两栖类 1 目 3 科 6 种；爬行类 3 目 4 科 8 种；鸟类 17 目 55 科 263 种，水鸟达到了 123 种，占全国 271 种水鸟的 45.4%。其中有黑鹳、丹顶鹤、白鹤、东方白鹳、中华秋沙鸭、遗鸥 6 种国家一级保护动物和灰鹤、白枕鹤等 12 种国家二级保护动物；兽类 5 目 11 科 18 种。

3.1.7 功能区划分

海兴湿地划分为核心区、缓冲区和实验区三个功能区，旅游活动在实验区进行。实验区延续着核心区、缓冲区的地质地貌特征、生物群落和景观特征，规划为生态旅游区；在生态旅游区之下，根据游览、观光、科普、休闲、健身等旅游需求，划分不同的生态旅游功能区，适当地布置旅游项目；实验区之外为旅游服务区。

3.1.7.1 核心区

核心区选择湿地生态系统比较完整，天然性较好，植被群落较为丰富，珍稀濒危鸟类丰富，水域面积较大，没有人类不良因素的干扰和影响，外围有较好的缓冲条件，以杨埕水库、宣惠河及河西的县第一盐场的一级汪子作为核心区，核心区总面积为 3300 hm²，占湿地总面积的 19.6%。核心区内禁止采取人为的干预措施，不得修建人工设施，除必要的科学观测和考察活动外，不得随便进入，使核心区保持自然状态，按自然规律演替。本区的主要任务是保护鸟类繁衍栖息和"天然物种基因库"。

3.1.7.2 缓冲区

缓冲区位于核心区的外围，由河流、盐田、海水养殖水面，以及部分碱滩荒地和农田组成，将核心区与实验区隔开，防止核心区受到外界的干扰和破坏，缓冲区面积为 2900 hm²，占湿地总面积的 17.3%。由于生境类型多样、食物丰富、人为活动较少，也是鸟类分布较多的区域。目前有一定的原盐生产和海水养殖活动，考虑原盐生产和海水养殖活动对环境影响不大，可维持现有规模，但不得进一步扩大。此外可进行科学研究和科普教育活动，也可适度开展以观鸟为主的生态旅游活动。

3.1.7.3 实验区

实验区位于缓冲区的外围，由河流、盐田、海水养殖水面，以及部分荒地和农田组成，占地面积为 10600 hm²，占湿地总面积的 63.1%。把缓冲区的外围划为实验区，并进行科学规划，有计划地开展科学实验、教学实习、参观考察、多种经营和旅游等多项活动。

3.2 南大港湿地概况

3.2.1 地理位置

南大港湿地位于河北省沧州市东北部，紧邻渤海湾西岸，南大港产业园东侧，属于南大港农场的一部分，由南大港产业园区管辖，是著名的退海河流淤积型滨海湿地，由草甸、沼泽、水体、野生动植物等多种生态要素组成。地理坐标为北纬 38°27′40.02″~38°33′44.07″，东经 117°25′3.06″~117°34′13.57″。2002 年 5 月，河北省人民政府批准建立河北南大港湿地和鸟类省级自然保护区，自然保护区的面积为 13380.24 hm²，其中核心区面积为 4824.14 hm²，缓冲区面积为 4235.7 hm²，实验区面积为 4320.4 hm²。自然保护区距离南大港城区 4.16 km，距离黄骅市 13 km，距离沧州市 49 km，距离天津市 59 km，距离北京市 165 km。荣乌高速、黄石高速、沿海高速、205 国道、307 国道等干线公路穿境而过。

3.2.2 地貌

南大港湿地地处渤海湾西岸，属于河北平原东部滨海平原的一部分。

成陆年代较短，地势低洼，起伏不大，总地势由西南向东北倾斜，地面坡降为 1/8000~1/10000。湿地整体地貌为古潟湖平原地貌，海拔 0.9~2 m，一般高出泛滥洼地 1~2.5 m，物质组成以砂为主；其次为古河道地貌，表现为洼地形式，瓣状废弃汊道交错分布，有的地方积水成湿地草滩和芦苇滩；微地貌大致分为高平地及间隔的岭子地、岗坡地、微斜缓岗地、低洼潮地、槽状洼地和潟湖洼淀。

3.2.3 地质构造

该区基底构造地处华北断陷，地质构造较复杂，由于受北北东向活动断裂控制，形成了北北东向展布的冀中坳陷、沧县隆起、黄骅坳陷、埕宁隆起，这些次一级构造的边界受北西向活动断裂的控制，在这些坳陷、隆起构造单元上，又形成了许多次一级的构造单元。

湿地所在区域的地质构造属黄骅凹陷区。基底为太古界建造的结晶片岩、花岗片麻岩和混合岩。基岩埋藏深度为 2 km 左右，最上一地层以第四纪海相沉积为主，夹有三次河湖相沉积的松散层。第四纪后，以沧县隆起和黄骅凹陷构造分界的沧州东部断裂带，燕山运动以来长期发育活动，是一条重力异常带。湿地所在区域处于沧东断裂带上。

3.2.4 水文地质条件

南大港地区地质构造系新生界沉积物，总厚度在 2000 m 以上，其中第四系沉积物在 350~850 m 之间，为多层结构含水岩系，成陆原因主要为海积作用和冲洪积沉积区域，地下水为多层结构的松散岩类孔隙水，储存在第四系松散沙层的孔隙和土层的裂隙之中，划分为多个含水层。第四系含水层是华北地区地下水的主要漏斗区。

3.2.5 水文特征

根据沧州地区径流等值线成果，南大港年均径流量为 2.7311×10^7 m³，平水年（P=50%）径流量为 2.3405×10^7 m³，径流深为 79.7 mm。这些径流主要产生在汛期的 6、7、8 三个月内，除第二扬水站扬入湿地部分，其余大部分径流无法利用，经南排河、新石碑河、廖家洼排干流入渤海，湿地平均每年可以蓄水 $1.865×10^7 \text{ m}^3$。湿地的过境河流有南排河、新石碑河、廖家洼排干、老石碑河。

3.2.6 物种多样性

由于南大港湿地是陆地与海洋的过渡地带，因此它同时兼具丰富的陆生动植物和海洋动植物资源，形成了其他任何单一生态系统都无法比拟的天然基因库和独特的生境，特殊的水文、土壤和气候提供了复杂且完备的动植物群落，它对于保护物种、维持生物多样性具有难以替代的生态价值。

据调查和资料统计，在南大港湿地内发现并记录植物 63 科 159 属，共237 种。其中，苔藓类植物 2 科、2 属、2 种；蕨类植物 3 科、3 属、5 种；双子叶植物 43 科、115 属、173 种；单子叶植物 15 科、39 属、57 种。其中含 10 种以上的科共有 6 个，分别为蓼科、藜科、豆科、菊科、禾本科和十字花科，其科数仅占本区植物科数的 9.84%，但所含属数比例达 40.13%，种数达 46.81%。湿地内现已发现有野菱、野大豆、莲、银杏等四种国家二级重点保护野生植物。

湿地内动物资源丰富，脊椎动物有 328 种，隶属于 5 纲 34 目 90 科。其中硬骨鱼纲 9 目 18 科 36 种；两栖纲 1 目 3 科 5 种；爬行纲 1 目 3 科 9 种；鸟纲 18 目 55 科 268 种；哺乳纲 5 目 11 科 16 种。从脊椎动物种类组成看，鸟类占绝对优势，构成湿地脊椎动物的主体。在湿地 268 种鸟类中，国家一级保护动物有 8 种：分别为黑鹳、白鹤、丹顶鹤、中华秋沙鸭、白肩雕、大鸨、东方白鹳、金雕。国家二级保护动物有 40 种，包括大天鹅、小天鹅、白枕鹤、灰鹤、大鵟等。

3.2.7 功能区划分

南大港湿地的功能区可以划分为核心区、缓冲区和实验区。

3.2.7.1 核心区

核心区是湿地内最基本的保护区域，保存着较为完整的原始湿地生态系统，是湿地的主体所在。核心区位于南大港湿地的中部和东北部，称为中港区及北港区，两者之间通过缓冲区相连。中港区处于湿地的中心水域，水域面积最大，环境质量最好，受人类干扰破坏最少，是主要保护鸟类较集中的栖息地。北港区位于保护区东北部，距海较近，远离村庄，人为干扰较少，处于常年有水的沼泽生境，是较理想的物种保护区域。

3.2.7.2 缓冲区

缓冲区是位于核心区外围，被南大港水库大坝包围的区域。此区域将核心区和实验区相隔，对核心区起到天然屏障和缓冲作用。生境类型主要包括水域和沼泽，水生植物和陆生植物并存，存在渔业生产活动。此区域可进行科学研究及科普教育活动，还可视具体情况适量开展鸟类观赏生态旅游活动。

3.2.7.3 实验区

实验区是位于缓冲区外围，进一步对核心区起缓冲保护作用的区域。生境类型主要包括沼泽、滩地和旱地，人类活动干扰大。本区可建设开展珍稀物种繁育基地、科普宣传教育中心、人工饲养鸟类观赏园等，可进行观光旅游、生态农业等活动。

3.2.8 湿地整治修复状况

2020 年度海岛及海域保护资金项目中，"河北省南大港湿地（北部养殖池塘）生态修复项目"通过"退养还湿"、微地形整理工程、滩面营造、坡面的生态化改造工程在南大港湿地北侧的养殖区域恢复自然湿地 106hm²。

3.2.8.1 微地形整理

在养殖池塘内进行微地形整理，基底清淤 4.2×10^5 m²，围堤拆除 4.5 km。

3.2.8.2 滩面营造

以养殖池塘现有的围堤为基础，利用清淤、拆除围堤的弃土等方式，营造适宜黑鹳栖息的生境，共营造出 5 个滩面，扩展水陆交错带的范围。

3.2.8.3　坡面的生态化改造

利用清淤、拆除围堤的弃土等方式，以现有护坡坡面为基础，营造较宽缓的坡面，种植本地优势种。

3.3　黄骅湿地概况

3.3.1　地理位置

黄骅湿地位于河北省沧州黄骅市东北部，渤海湾西岸、南与南大港毗邻、北与天津北大港相接，西临 205 国道，东临渤海湾。地理坐标介于北纬 38°32′59″~38°38′17″，东经 117°24′29″~117°45′34″ 之间，黄骅湿地分东西两片区域，总面积为 8889.34 hm²。根据《湿地分类》（GB/T 24708-2009），黄骅湿地西区可划定为海岸性咸水湖，面积为 2989.42 hm²；东区可划定为淤泥质海滩及浅海水域，面积为 5899.92 hm²，2015 年黄骅湿地被认定为河北省省级重要湿地。湿地东侧距离海岸线约 10 km，西南距南大港产业园区约 13 km。

3.3.2　地形

黄骅地区位于河北平原东部，渤海湾西岸，自西南向东北微微倾入渤海，主要为平原地貌和海岸地貌。现代地貌的基底为太古界建造的结晶片岩、花岗片麻岩和混合岩。经过了 3 次大的海陆演变，逐沧海变桑田，形成现代地貌。海岸地貌是海侵又转化为海退以后逐渐形成的，属于淤积型泥质海岸。其特征是海岸平坦宽阔，上有贝壳堤、沼泽堤、海滩，组成物质以淤泥，粉砂为主。

修复区属于潟湖平原地貌，海拔 0.9~2.0 m，一般高出泛滥洼地 1.0~2.5 m，物质组成以砂为主，其次有黏土质粉砂，粒度分选性好，大部分地区生长茂密的芦苇，部分地区演化为草滩。

湿地内地形整体呈西北高、西南低的趋势，最大高程位于湿地的西北，约为 3.50 m；最低位于湿地的西南部，约为 0.78 m，平均高程为 2.55 m。

3.3.3 水文特征

3.3.3.1 地表水资源

湿地位于渤海之滨，属于海河水系，历史上曾是黄河和石碑河流经的地方。湿地区域内由南至北共三条河流，分别为捷地减河、沧浪渠、北排河，河道之间分布着大大小小的沟渠，这些径流主要产生在汛期的 6、7、8 三个月内，大部分经由捷地减河和北排河流入渤海。

捷地减河因起始于沧县捷地而得名。因在沧州之南，与沧州北之兴济减河对称，故亦名南减河。捷地减河是南运河的泄洪河道，通过一条长为 9.5 km，设计流量为 30 m³/s 的引渠与黄骅湿地相通，是黄骅湿地引蓄客水的通道之一。据统计 1974—1986 年，通过该渠共引蓄水量为 1.4×10^8 m³，平均年引水为 1.16667×10^7 m³。捷地减河为黄骅湿地的蓄水起到关键的作用。

沧浪渠开挖于 1958 年，全长 60 km，流经沧州市、沧县、黄骅市及天津滨海新区后汇入渤海，原为沧州市区的主要行洪河道。

北排河属于黑龙港诸河水系，位于河北省黄骅市城北 28 km，1959 年开挖，1965 年扩建，设计标准十年一遇，流量为 550 m³/s，河床多为亚砂土，以排沥为主，长 13 km，宽 100 m，深 10 m。其境内中心点位于献县城东偏北 7 km，该河于 1966 年人工开挖而成，因沧州地区同时开挖两条人工排河，此河位于北面，故起名北排水河。

3.3.3.2 地下水资源

湿地地下淡水资源相对贫乏。它是华北地区地下水的主要漏斗区，地下水位平均埋深 1.5~2.0 m，深层淡水顶板在 170~250 m 之间，从西向东逐步加深。地下水第一、二层为咸水，含盐量在 15~40 g/L。淡水层在 250~600 m 之间，含盐量 1.1~2.0 g/L。

地下水的主要补给来源是大气降水、灌溉回归和河流渗漏给水。其径流特征除由古河道砂层富集带分布控制外，还在很大程度上受到地形的控制。本区域地下水的排泄方式，主要是蒸发排泄和向三条主要河道的渗漏排泄。

3.3.4　物种多样性

据调查和资料统计，黄骅湿地分布有高等植物70科、183属、287种，其中纤维植物有10科、25种，以水生和盐生植被为主。其中属于国家重点保护的有豆科的野大豆（国家二级保护）。盐生植被主要分布于湿地内地势低平、土壤含盐量高的盐渍化严重区域，主要组成植物有碱蓬、盐地碱蓬、獐茅等盐生植物。水生植被主要分布于长期存有积水、含盐量相对较低的洼地，主要有以眼子菜、狐尾藻、金鱼藻为主的沉水水生植物，以浮萍、紫萍为主的浮水水生植物，以芦苇、香蒲属植物为主的挺水植物。

黄骅湿地西区由草本沼泽、近海与海岸和河流构成，生物多样性十分丰富，包括陆生动物和水生动物。陆生动物包括陆生脊椎动物、昆虫、蜱螨类等。陆生脊椎动物25目57科279种，其中两栖爬行类3目4科8种、鸟类17目45科259种、哺乳动物5目8科12种。水生动物有浮游动物、游泳生物和底栖生物等。浮游动物以桡足类占优势，约60种；底栖生物属11个门类200余种；游泳生物有鱼类80余种，虾蟹类近10种，头足类5种。

黄骅湿地的鸟类居留类型组成以旅鸟为主，夏候鸟次之，冬候鸟种类最少。这种旅鸟和夏候鸟占比重大的特点是由黄骅湿地所处地理位置和自然条件决定的。旅鸟种数达150种，充分反映出黄骅湿地是鸟类迁徙的重要通道。同时，黄骅湿地较好的生态环境成了鸟类的重要繁殖地，共有103种鸟类在湿地内繁殖。其中，属国家一级保护动物的有8种，占湿地鸟类总数的3.1%。

3.3.5　湿地整治修复状况

2020年度海岛及海域保护资金项目中，"河北省黄骅湿地（西区）生态修复项目"通过湿地水源补给工程、湿地植被修复工程、湿地微地貌改造工程等在黄骅湿地（西区）恢复滨海湿地 275 hm²。

3.3.5.1 湿地水源补给工程

该工程清理和改造引水渠 4200 m、营造引水渠生态护岸 2.3×10^4 m²。

3.3.5.2 湿地植被修复工程

该工程拆除废弃建筑物约为 1000 m³、清除生活及建筑垃圾约为 500 m³、复植植被及养护区域面积为 72 hm²。

3.3.5.3 湿地微地貌改造工程

在湿地中度退化区开展湿地微地貌改造工程，工程内容包括水系连通 8.8 km、微地形整理 79.7 hm²。

3.4 曹妃甸湿地概况

3.4.1 地理位置

曹妃甸湿地地处河北省唐山市曹妃甸区西南部，位于北纬 39°9′24″~39°14′28″，东经 118°15′42″~118°23′24″ 之间，湿地北依沿海公路以南 800 米处，南与南堡盐场相邻，东至第四农场、第五农场、青林公路以西 1500.0 m，西以三排干为界。地处第四农场、第七农场和第十一农场管理范围之内，南北长约 13 km，东西平均宽约 8 km。具有独特的自然景观，风光秀美，景色宜人，素有"冀东白洋淀"之称。曹妃甸湿地和鸟类省级自然保护区于 2005 年 9 月经河北省人民政府批准成立，2012 年经河北省政府批准对湿地保护区进行了范围和功能区调整。湿地北距唐山市 55 km，南距石家庄市 367 km，西距北京市 220 km、天津市 120 km，东距秦皇岛市 150 km，周边地区交通状况较好，周边有唐曹高速、唐曹铁路、青林公路、沿海公路等。

3.4.2　地形

湿地属于滨海平原区，位于落潮湾区域，海岸地貌明显，广泛分布着古滦河和现在河流的冲积、洪积、海积、湖积等多种微地貌营力形成的古潟湖、河间洼地、古河道台地、坡地和坑塘等微地貌类型。1956年围海前属潮上带微高地形（含陀地）潟湖水下平原。目前已大部开垦为稻田、淡水养殖、海水养殖、盐业生产和石油矿产。海拔高程1.0~2.7 m，坡降2000~3000 m。由于受风浪潮汐的作用，为东北西南走向，洼地为南北走向。

3.4.3　地质构造

湿地所在区域属黄骅凹陷北部、燕山褶皱带前缘部位，位于黄骅凹陷的次级单元构造—乐亭凹陷上，构造线近东西走向。该区域主要有宁河—昌黎隐伏大断裂，走向60°，倾向东南，长约80 km，是唐山隆起与乐亭凹陷交界的正断层；该断层形成于古生代，中生代以后重新活动，对该地区地貌的形成起控制作用，第四系以来未见活动。其南部是南堡凹陷和柏各庄凸起，二者以西南庄断裂和柏各庄断裂带为界。西南庄断裂位于唐海镇—第四农场—第七农场保护区一线，向西延伸至南堡盐场一带；柏各庄断裂位于唐海镇九队—柳赞一线，呈西北南东走向。南堡凹陷是在华北陆台基地上，经中、新生代断块运动发育而成的断陷盆地，老爷庙（第七农场保护区）构造带位于南堡凹陷北翼中部，为西南庄断层下降盘；柏各庄凸起西自张庄子，东至坨里、杨岭一带，南以西南庄断裂和柏各庄断裂与南堡凹陷相邻。该区域主要有第四系全新统（Q4）海相沉积物和第四系上更新统（Q3）海陆交互层沉积的黏性土、粉土及砂类土组成。

3.4.4　水文地质条件

3.4.4.1　水文地质条件

区域内地下水系统属于滦河地下水系统的冲积海积孔隙咸水系统子区。由于受到不同地质历史时期的古气候、古地理沉积环境，以及新构造运动等诸多因素的控制，含水层在不同深度的分布形态和发育程度均存在差异性，并导致它们的水力性质、水化学特征，及地下水动态等水文地质条件发生相应变化。

3.4.4.2　地下水补、径、排条件

一是浅层水。区域内浅层咸水基本未开采，水位埋深一般在 2 m 左右，因开采量较小，近年来水位变化不大。该区地下水位变化特点是雨季水位回升较快，高水位一般出现在雨季后 1—2 个月，年变幅较大，一般 1~5 m。多年水位动态基本均衡和稍有下降，多年平均水位下降幅度 <0.1 m。

二是深层水。区域内均为浅层咸水覆盖，地下水开采均以深层淡水为主，近年来随着开采量的增大，地下水位下降趋势有所增加。从 20 世纪 90 年代至今下降了 40~50 m，甚至已导致了严重的地质灾害问题，地下水动态变化类型以径流—越流补给—开采排泄型为主，该类型水位升降幅度大，水位动态曲线多呈单峰单谷型，其特点是交替作用比较缓慢，开采强烈。

深层水位埋深总体分布规律是中部水位较浅，东西两侧水位埋深较大，分布规律主要与深层地下水的补给条件和开采强度分布有关，地下水流向总体较平缓。

3.4.5　水文特征

湿地及周边区域自然河流有 7 条，自西向东依次为陡河、沙河、戟门河、双龙河、小青龙河、溯河（古称沂河）、小清河，多为独流入海的短小季节性河流；人工输水河包括曹妃甸区三排干、二排干、一排干，柏各庄输水干渠（新滦河），丰南一排干、二排干，滦南马氏滩排干、第一泄洪道和第二泄洪道，共 9 条。

3.4.6　物种多样性

独特的地理位置使之成为东北亚和环西太平洋鸟类迁移的重要驿站。曹妃甸湿地生物多样性十分丰富，共有野生高等植物 63 科 164 属 239 种；鸟类 17 目 52 科 307 种，其中国家一级保护鸟类 9 种，国家二级保护鸟类

41种，还有众多的浮游生物、底栖动物及鱼类、贝类、虾、蟹等。曹妃甸湿地在控制污染、调节气候、净化空气、调节径流、补充地下水源、保护物种多样性和保护珍稀濒危物种等方面发挥着重要的作用，对调节周边乃至京津地区的气候，改善生态环境起到了重要作用。

3.4.7 功能区划分

保护区2005年建立，2012年进行了范围和功能区调整，根据《河北省人民政府办公厅关于同意调整曹妃甸湿地和鸟类省级自然保护区范围和功能区的复函》【冀政办函〔2012〕80号】，曹妃甸湿地和鸟类省级自然保护区总面积为10081.4 hm²，其中核心区面积为3504.0 hm²，缓冲区面积为1503.0 hm²，实验区面积为5074.4 hm²，分别占保护区总面积的34.8%、14.9%和50.3%。

3.5 滦河口湿地概况

3.5.1 地理位置

滦河口湿地位于河北省唐山市滦河口南北岸两侧。滦河口北岸隶属于秦皇岛市管辖，位于东经118°45′~119°20′、北纬39°25′~39°47′，面积为3314.95 hm²；滦河口南岸隶属于唐山市管辖，位于东经119°17′16.67″~119°14′35.96″、北纬39°24′49.95″~39°25′46.31″，于2021年6月11日，河北省林业和草原局正式批准建立河北乐亭滦河口省级湿地公园，规划总面积为873.50 hm²，其中湿地面积为871.64 hm²，湿地率达到99.79%。河北乐亭滦河口省级湿地公园的地理坐标为东经119°14′37.4″~20′24.2″，北纬39°24′30.3″~39°26′5.3″。滦河口湿地北起昌黎县黄金海岸湿地南部，西至昌黎县王家铺与乐亭县林家铺、乐亭铺、赵家铺一线，南至小滦河浪窝口。东临渤海，北依燕山，西南挟滦河，是连接华北与东北的咽喉要冲，地处京津唐经济区、东北经济区、环渤海经济区三大经济区交汇处。滦河口湿地位于昌黎县西南部，属于河北昌黎黄金海岸国家级自然保护区滦河口湿地实验区，保护对象为河口湿地生态系统，以黑嘴鸥和珍稀鸟类为保护重点。

3.5.2 地质构造

滦河口湿地大地构造属于燕山褶皱带，是断裂运动的产物。滦河口湿地的发育和沉积，受黄骅坳陷北部边界断层——昌黎断裂和滦河断裂的控制，以中生界地层和新生界地层为沉积地层。晚更新世以来，由于长期不间断的南降北升地壳构造运动及断裂、岩浆活动促使了滦河口湿地区域基本地貌轮廓的形成，并控制了滦河口湿地内冲积扇地貌的演化。

3.5.3 水文特征

滦河古代时称濡水，其流经河北省多个市县。源头为河北省丰宁满族自治县巴彦图古尔山北麓，流经坝上草原区、内蒙古高原，及燕山山区，最后注入渤海。全长 877 km，汇水面积为 44880 km²。多年平均入海水量为 $2.826×10^9$ m³、入海沙量为 $1.02787×10^7$ t。1979 年以来，滦河上游修建多个大型水库，使滦河河水以及河水携带的泥沙剧烈减少。

在滦河上游已经兴建的工程有潘家口水库、大黑汀水库、桃林口水库三大水源工程和引滦入津、引滦入唐等引水工程，形成了以滦河流域为母体，辐射天津、唐山、秦皇岛三座城市的滦河水资源经济区，由于用水量急增和上游大幅度调水，滦河入海水量减少，对滦河入海口湿地生态环境及生物多样性产生负面影响。

3.5.4 物种多样性

滦河口湿地具有丰富的动植物资源，滦河口湿地内共有鸟类 12 目 49 科 241 种，有"东亚旅鸟大客栈"的称号，是世界珍禽——黑嘴鸥的主要栖息地，其中国家级保护鸟类 41 种。此外，滦河口湿地有兽类 6 目 8 科 13 种，两栖类动物 1 目 2 科 4 种，爬行动物 3 目 4 科 7 种；软体动物 23 种，节肢动物 19 种，环节动物 9 种，腔肠动物 2 种，棘皮动物 2 种。

滦河口湿地植被分为自然植被和人工植被。自然植被主要有盐地碱蓬、二色补血草、獐茅、狗尾草、柽柳等，其主要分布在沿海滩涂和养殖池塘边沿（即坝埝）上。人工植被主要是种植的农作物和树木，包括水稻、小麦、玉米等农作物和青甘杨、柳树等树木。田间杂草为狗尾草、刺儿菜、灰绿藜等。

3.5.5 湿地整治修复状况

2019 年度中央海岛及海域保护资金项目中，滦河口北岸滨海湿地整治修复工程，通过对养殖池围堰进行部分拆除，增强坑塘连通性，促进水体交换，形成微水系；通过营造连通水系及浅潮滩—高潮滩地形，增加汛期河口泄洪量，避免河道壅水，并在水动力作用下对地形进一步自然塑造，形成适合各类鸟类生长栖息的湿地环境。堤岸生态化建设通过适当填土，并种植青甘杨、柽柳以及芦苇，形成生态化护堤，提高堤岸生态功能。工程措施完成退养还湿（滩）面积为 300 hm²、堤岸生态化建设长度 3.0 km。

3.6 昌黎黄金海岸湿地概况

3.6.1 地理位置

昌黎黄金海岸湿地位于河北省秦皇岛市昌黎沿海，北起大蒲河口，南至滦河口，长 30 km，西界为沙丘林带和潟湖的西缘，东到浅海 10 m 等深线附近。1990 年 9 月 30 日国务院批准建立河北昌黎黄金海岸国家级自然保护区，2015 年 11 月 25 日国务院发布《国务院办公厅关于调整河北昌黎黄金海岸等 6 处国家级自然保护区的通知》（国办函〔2015〕138 号）同意调整河北昌黎黄金海岸国家级自然保护区的范围和功能区划。调整后的河北昌黎黄金海岸国家级自然保护区总面积为 33620.5 hm²，其中核心区面积 11744 hm²，缓冲区面积为 16684 hm²，实验区面积为 5192.5 hm²。保护区位于河北省秦皇岛市昌黎县境内，范围在东经

119°11′37.80″~119°37′09.21″，北纬 39°25′20.99″~39°37′24.37″ 之间。这是一个综合生态系统自然保护区，保护对象为沿岸自然景观及所在陆地海域的生态环境，有沙丘、沙堤、潟湖、林带、海水，还有文昌鱼等生物。潟湖西侧、西北侧有稻子沟、刘台沟、刘坨沟（甜水河）、泥井沟、赵家港沟（潮河）5 条河流注入，属于半封闭式潟湖。

湿地区域海陆兼备、自然生态环境多样，及动植物资源丰富，是东亚地区鸟类南北、东西迁徙的交汇区，鸟类组成丰富，珍稀种类众多，是"世界珍禽"黑嘴鸥和"活化石"文昌鱼的主要栖息繁殖地之一，是我国北方最具代表性、保存最完好的综合海岸海洋生态系统，更是海岸海洋生态和生物多样性的重要保留地，以及海洋生态教育的天然课堂。

3.6.2 地形

海岸向陆依次分布有海滩、沙丘、现代潟湖、潟湖平原等地貌类型。现代潟湖有潮汐通道与海相通。次一级地貌有潟湖盆、潟湖滩、潮沟、潮流三角洲、河流三角洲。潟湖滩地宽阔、湖盆平坦，沉积物为褐黄色细砂，含较多有机质，表层砂粒被浸染为黑色。潟湖外侧海岸由高大沙丘和广袤沙滩组成，海岸沙丘有活动沙丘、半固定沙丘和固定沙丘等类型。潟湖南、北部为潟湖平原，宽 1 km~3 km，呈条带状分布，可南延至滦河口附近，被沙丘带与海滩相隔。潟湖平原地势低洼、物质组成以细沙、中细沙为主，含少量泥质。

研究区主要人工地貌为：围堤、防潮闸、养殖池塘等。

3.6.3 地质构造

区域内大地构造属于燕山褶皱带，次一级构造单元为昌黎凸起和姜各庄凸起，第四纪松散沉积的最大厚度为 400 m 左右，全新世地层厚度一般为 10 m~20 m。靠近滦河附近有一条向北弯曲的弧形断裂。

3.6.4 水文特征

3.6.4.1 河流水文

潟湖水系有赵家港沟（潮河）、泥井沟、刘坨沟（甜水河）、刘台沟和稻子沟等 5 条发源于滦河以东高亢平原的季节性河流，流域面积为 436.6 km²，多年平均径流量为 1.82×10^7 m³。近年来，因降水量减少，汛期不能形成洪水，入湖径流量减少，甚至为零。

3.6.4.2 地下水

研究区第四纪物质为松散的细中砂沉积，空隙度大、下渗能力强，地下水与潟湖海水联系密切。埋深在 120 m 以上的含水层均为咸水，120 m 以下有承压性淡水，水量丰富且均满足饮用水标准。

3.6.5 物种多样性

3.6.5.1 陆生生物

研究区附近的陆地生物资源分为植被资源和动物资源。

有陆生植物 304 种，分属于 64 科 186 属。其中，蕨类植物 2 科 2 属 2 种，种子植物 62 科 184 属 302 种。湖滩近岸区域以盐地碱蓬群落、獐茅群落、芦苇群落为代表性植被。防护林带以刺槐林、青甘杨林、紫穗槐灌丛为代表性植被。海滩附近区域以砂钻苔草群落为代表性植被。

研究区植被覆盖率高、滩涂面积大、人类活动相对较少，避敌条件较好，动物种类较多，有兽类 13 种，其中，食虫目 1 科 1 种、翼手目 1 科 2 种、食肉目 2 科 3 种、兔形目 1 科 1 种、啮齿目 2 科 5 种、鳍足目 1 科 1 种；爬行动物 7 种，其中龟鳖目 1 科 1 种、蜥蜴类 2 科 2 种、蛇类 1 科 4 种；两栖动物 4 种，其中，无尾目 2 科 4 种。

3.6.5.2 海洋生物

海区基础生产力较高，曾是渤海渔业生物资源的繁殖场所。根据收集资料显示潟湖有海洋生物 51 种，其中浮游植物 11 种、浮游动物 12 种，底栖动物 5 种，游泳动物 23 种。

3.6.6 湿地整治修复状况

2016 年度中央海岛和海域保护资金项目中,昌黎黄金海岸(七里海潟湖)湿地生态修复工程(一期),退养还湿面积为 449.7 hm²,清淤疏浚 125×10⁴ m³(面积约为 228.6 hm²),整治海岸线 5.46 km,恢复岸坡植被 68.35 hm²。

整治修复内容主要包括西北岸海岸线整治区、东岸海岸线整治区、退养还湿区。退养还湿任务区海岸线段涉及现有的养殖塘和潟湖水总面积为 449.7 hm²;七里海潟湖清淤工程涉及的清退养殖池堤坝总长为 44338.133 m,经核算清淤工程总土方量约为 125×10⁴ m³;海岸线整治修复区主要位于东侧海岸线和西北侧海岸线段,其中海东岸整治岸段长 1.75 km,恢复岸坡植被 27.78 hm²;西北岸整治岸长 3.68 km,恢复岸坡植被 40.24 hm²;共计岸段整治段长 5.46 km,恢复岸坡植被 68.35 hm²。

3.7 北戴河湿地概况

3.7.1 地理位置

北戴河湿地位于河北省秦皇岛市北戴河海滨鸽子窝北侧,其范围南至戴河,北到立交桥,西至海滨林场边界,东到渤海 6 m 等深线,湿地面积为 282.27 hm²,位于东经 119°30′16.11″~119°32′13.60″,北纬 39°49′44.82″~39°51′20.91″ 之间。东西最大间距为 11.20 km,南北最大间距为 10.15 km,其海岸线长达 20.13 km,湿地类型多样,有森林、海滩、潟湖、河道等。西距首都北京市约 279 km,京哈铁路、205 国道从境内通过,102 国道临境,京沈高速公路从境北附近通过。与北京市、天津市、秦皇岛市、兴城市、葫芦岛市构成一条黄金旅游带,北戴河湿地处于旅游带的节点,是关内特别是华北连接东北的咽喉,地理位置优越。

3.7.2 地质构造

从北戴河湿地所处的地理位置和周边大的水文地质环境上来看，依据水文地质条件的复杂程度和变化规律，可分为洋河流域地下水流系统和戴河流域地下水流系统。

3.7.2.1 洋河流域地下水流系统（Ⅰ）

一是洋河冲洪积扇孔隙水亚系统（I_1）。该系统以樊各庄—船厂为界，北部含水层结构单一。由晚更新世、全新世沙砾、砾石组成，厚度 8～15 m，水位埋深 3~5 m，单位涌水量为 10~50 m³/（h·m）。南部为多层含水层结构。由中更新世卵石、沙砾、中粗砂组成，含水层累计厚度 30~40 m，单位涌水量一般为 15~50 m³/（h·m），局部达 60~80 m³/（h·m），水位埋深 2~5 m。水化学类型复杂，以 HCO_3—Ca·Na 为主，矿化度一般小于 0.3 g/L，滨海地区矿化度为 1~2.5 g/L。

二是山地基岩裂隙水亚系统（I_2）。分布在牛头崖—大米河头，含水层由新太古代晚期变质花岗岩组成。以风化裂隙水为主，局部地段有构造裂隙脉状水。水位埋深 5~8 m，单位涌水量一般小于 0.5 m³/（h·m），水化学类型为 HCO_3—Ca·Na 型，矿化度小于 0.5 g/L。

3.7.2.2 戴河流域地下水流系统（Ⅱ）

一是戴河河谷平原孔隙水亚系统（II_1）。含水层由晚更新世含砾中粗砂和全新世中粗砂、细砂组成，厚度 2~10 m。水位埋深 2~5 m，单位涌水量一般为 10~20 m³/（h·m），水化学类型以 HCO_3·SO_4—Ca·Na 型为主，矿化度为 0.3~0.7 g/L。

二是新河构造谷地孔隙水亚系统（II_2）。含水层由全新世风积、海积、冲洪积中细砂组成，水位埋深 0.5~2 m，单位涌水量为 2~6 m³/（h·m）。海滨林场风成沙丘水化学类型为 HCO_3—Ca 型，矿化度小于 0.5 g/L，新河两岸水化学类型大多为 Cl·SO_4—Ca·Na 型，矿化度为 0.5~4.5 g/L，河口高达 13.7 g/L。

三是山地基岩裂隙水亚系统（II_3）。含水层主要为新太古代晚期变质花岗岩，以风化裂隙水为主，断裂破碎带中赋存脉状水。水位埋深 2~8 m，单位涌水量为 0.3~2.5 m³/（h·m），泉水流量 0.1~1 m³/h。水化学类型以 $HCO_3 \cdot SO_4$—$Ca \cdot Na$ 型和 HCO_3—$Ca \cdot Na$ 型为主，矿化度为 0.2~1 g/L。深部基岩裂隙水水位埋深 0.24~4.21m，单位涌水量为 0.0126~0.6166 m³/（h·m），水化学类型为 Cl—Na（Na·Ca）型和 $Cl \cdot SO_4$（$SO_4 \cdot Cl$）—Na 型，矿化度一般为 1.77~22.84 g/L，最高达 86.02 g/L。

3.7.3 水文特征

区域内的主要河流有洋河、戴河、新河，共同特点是源短流急、雨季时河水猛涨、旱季骤减以至于干枯，独流入海。北戴河境内的戴河和新河两条河流分别在北戴河区的西部和东部入海。

戴河古称渝水，辽、明、清时称渝河，清光绪年间改为戴家河，后简称戴河。戴河上有三源，东源为沙河，发源于河北省秦皇岛市抚宁区蚂蚁沟村；西源主流为西戴河，发源于河北省秦皇岛市抚宁区北车厂村；西源支流名为渝河，发源于河北省秦皇岛市抚宁区聂口北。戴河在河东寨村西南注入渤海，全长为 35 km，流域总面积为 290 km²，流经北戴河区 13 km，北戴河境内流域面积为 32 km²。

新河发源于河北省秦皇岛市抚宁区栖云寺山东麓，流经甘各庄村、蔡各庄村，从赤土山北入海。全长 15 km，其中 14 km 流经北戴河区，总流域面积为 77.5 km²。

河流上游大部分建有大、中型水库，其中洋河水库 1961 年建成，总库容 3.53×10^8 m³，是目前北戴河区的供水水源。

3.7.4 物种多样性

北戴河湿地范围内分布着丰富的动植物资源，野生植物可分为 42 个科，共 138 个品种，主要有油松、刺槐、杨、柳、栎等，较为珍贵稀有的桑橙、牡丹、梧桐、爬地柏、垂条柏等；海区内经常捕到的鱼类有 68 种，其中主要鱼种有日本鲤鱼、鲈鱼、斑鱼祭、银鲳、绿鳍马面鲀、蓝点鲅、牙鲆、黄盖鲽。上述鱼种之和占海区鱼类生物量的 91.70%；底栖生物共 150 种 11 门，其中软体动物 56 种，甲壳类 35 种，多毛类 27 种，棘皮动物 9 种，鱼类 7 种，腔肠动物 5 种，脊索动物 4 种，益虫 2 种，星虫、螠虫、纽形动物、扁形动物、腕足类各 1 种。海生动物有 7 个种类 40 多种，以对虾、梭子蟹最为著名；潮间带生物共 163 种，群落以双壳类、甲壳类为主。北戴河作为中国最早的候鸟保护区，鸟类共有 20 目 61 科 412 种，其中，国家一级保护的 12 种，国家二级保护的 52 种，是候鸟迁徙重要通道和国际四大观鸟胜地之一。

3.7.5 湿地整治修复状况

2018 年度中央海岛及海域保护资金项目中，北戴河湿地河口海湾综合整治修复工程完成了整治修复海岸线长度 1262 m，其中北戴河海滨湿地北部沙滩养护区域，修复完成海岸线长度 1007 m，修复后沙滩平均宽度 60 m；湿地南部岸段砾石护岸修复区域，修复完成海岸线长度 255 m。完成滨海湿地修复区域面积为 231.49 hm²，其中沙蚕修复区域为 63 hm²，底栖贝类修复区域为 168.49 hm²。海域整治面积为 17.5 hm²，生态廊道修复 2 km。

4 蓝碳生态系统分布范围演变

4.1 海滨盐沼生态系统

本项目选取 1990 年、2000 年、2005 年、2010 年、2015 年、2021 年的遥感影像数据，分析近 30 年来河北省滨海七个湿地的土地利用方式演变，并选用了元胞自动机（cellular automate, CA）模型与马尔可夫模型（Markov model）相结合的 CA-Markov 模型对各滨海湿地 2025 年和 2030 年的土地利用演变进行模拟预测。

4.1.1 数据来源和处理

湿地遥感影像数据处理工作主要有两部分工作内容，为已有数据的坐标转换和原始遥感影像的数据处理。

4.1.1.1 已有数据的坐标转换

项目将已有的 1954 北京坐标系和 1980 西安坐标系的所有资料转换为 2000 国家大地坐标系（China Geodetic Coordinate System 2000, CGCS2000）。

4.1.1.2 原始遥感影像的数据处理

根据项目要求，选用 1990 年、2000 年、2005 年陆地卫星 5 号，2010 年、2015 年、2021 年采用高分一号卫星影像数据。遥感数据处理的技术流程主要包括卫星遥感数据的检查、正射校正、数据配准、融合、图像增强、数据匀色、镶嵌、裁剪、质量检查等流程。

4.1.1.3 建立遥感影像解译标志

充分分析遥感数据，根据植被草甸、芦苇、沙地等专题因子在遥感影像上呈现的色调、形状、纹理结构、图形、相关布局等影像特征（见下表4-1），同时考虑地域差异，分别建立上述专题因子的典型遥感解译标志，指导湿地专题信息提取。

项目组严格遵循初步建标—验证修标—解译过程中充实完善的基本程序完成遥感解译标志的建立过程。初步建标阶段主要依据遥感应用工作经验并结合前人调查研究成果进行提取，综合建立影像模型；验证修标阶段则选择有代表性的图斑，兼顾交通情况赴野外对应用初译标志所做的初译成果进行验证，同时对初译标志不正确或不确切及可操作性差的标志进行修改、完善；在整个解译过程中，根据应用经验、各类资料和局部重点图像处理对解译标志进行进一步补充完善。

4.1.1.4 信息提取方法

项目组实际工作当中配合使用人机交互解译和计算机自动提取两种方法。

一是人机交互解译。人遵循"从已知到未知、先易后难、逐步解译"的原则，充分利用各种分析推理方法进行解译。

二是计算机自动提取。利用面向对象分类方法进行信息提取时，首先找出每种地类最适宜的分割尺度，对于某种特定的地物类型，最适宜的分割尺度能将这种地物类型的边界显示得十分清楚，不会与其他地物融为一类，并且能用一个或几个对象表示出这种地物。然后综合利用对象的多重特征给予不同的权重来建立分类规则。具体的分类规则根据对象所提供的各种信息进行组合，以取得具体的地物类型。不同层次可以针对特定地物类型建立各自规则，通过不同分类规则的层间传递，使分类规则的建立不仅可以利用本层对象信息，也可以利用比本层高或低的其他层次的对象信息，从而达到分类效果。

严格按照解译要求，准确界定农田、林地、草地、芦苇等图斑属性，进行精确勾绘信息提取后在室内填写解译精度检查记录表，对室内解译中发现的判断不清晰或变化剧烈且具有一定的生态环境意义的图斑填写解译记录表，以便进行野外验证。

表4-1 湿地地类解译标志一览表

编号	景观名称	解译标志	描述
1	沿海滩涂		白色、亮灰色；呈条带状或片状分布；沿海岸带一侧规整，另外一侧不规整；沿海分布，陆地滩涂不与海洋接触
2	河流水面		灰棕色、绿色；呈条带状分布；较为规整；有些河流上有桥梁
3	沙地		白色；呈片状分布；不规整；表层为沙地覆盖、植被量小于等于5%，潮起潮落覆盖不到的区域

编号	景观名称	解译标志	描述
4	浅海		黄色；呈片状分布；形状规整；与沿海滩涂等地类相接触且海水深度并未急剧升高
5	养殖水面		绿色，灰色；呈片状分布；养殖水面范围较大且不规整；养殖水面中间往往有凸起的土包，是放置设备用的
6	坑塘水面		黑色、绿色、黑棕色；呈片状，不规整；居民地及草地附近常有坑塘水面
7	水稻		黑色；呈条带状分布；规整；分布在水域旁边

续表

编号	景观名称	解译标志	描述
8	盐田		蓝色、绿色、黑色、棕色;呈片状、块状分布;形状规整;颜色不同代表盐分含量不同
9	林地		黑色;呈片状分布;不规整;颜色较深的地方为林地,较浅的地方为裸地
10	农田		绿色;呈片状分布;分布不规整,范围较小;沿海地区农田数量较少
11	芦苇		绿色、白灰色;呈片状分布,不规整;芦苇和盐地碱蓬颜色不同

编号	景观名称	解译标志	描述
12	草地		灰色；呈片状分布；不规整；深色地区为林地，浅色地区为草地
13	盐地碱蓬		灰色；呈片状分布；不规整；绿色是芦苇，灰色是盐地碱蓬
14	公路用地		灰色、白色；道路呈条状，车站等呈片状；道路是规则的条带状，车站等为不规则块状
15	居民点		蓝色、白色、灰色；呈片状分布或零星分布；不规整；居民地是呈大片分布或零星分布的，分布在盐田或水产养殖附近的大概率为工业用地或渔业设施用地

编号	景观名称	解译标志	描述
16	建筑用地		灰色、黄色、橙色、蓝色等；呈片状分布；不规整；与居住地功能不同，房屋形状较居住地显得不规整，但有设计感
17	渔业设施用地		黄色；呈点状零散分布；不规整；在养殖水面或盐田范围内的零散房屋
18	港口码头用地		灰色、黄色；呈条带状分布；较为规整；沿海分布

4.1.2 湿地土地利用类型变化

河北省滨海湿地土地利用类型分类指标体系以湿地的土地利用方式为基础，根据《湿地分类》（GB/T 24708—2009）和《土地利用现状分类》（GB/T 21010—2017）中分类标准，结合滨海湿地特性，将湿地分为 3 个一级类，分别为自然湿地景观、人工湿地景观、非湿地景观。其中，自然湿地景观包括 4 个二级类，分别为沿海滩涂、河流水面、沙地、浅海；人工湿地景观包括 9 个二级类，分别为养殖水面、坑塘水面、水稻、盐田、林地、农田、芦苇、草本、盐地碱蓬；非景观湿地包括 5 个二级类，分别为公路用地、居民点、建筑用地、渔业设施用地、港口码头用地（见下表4-2）。

表4-2　河北省滨海湿地景观分类指标体系表

一级类	二级类	一级类	二级类
自然湿地景观	沿海滩涂	人工湿地景观	农田
	河流水面		芦苇
	沙地		草地
	浅海		盐地碱蓬
人工湿地景观	养殖水面	非湿地景观	公路用地
	坑塘水面		居民点
	水稻		建筑用地
	盐田		渔业设施用地
	林地		港口码头用地

4.1.2.1　海兴湿地土地利用类型

1990—2021 年海兴湿地土地利用类型共分为 11 类（见表 4-3 和图 4-1）。其中，1990—2021 年海兴湿地土地利用类型中，均为养殖水面面积最大，面积在 4721.98~7155.06 hm² 之间，占湿地总面积的 28.03%~42.47% 之间。

自然湿地景观主要包括河流水面和沿海滩涂，总面积由 1990 年的 841.07 hm²，减少到 2015 年的 163.33 hm²，占湿地总面积的比例由 4.99% 减少到 0.97%，2021 年河流水面和沿海滩涂的总面积增加到 216.94 hm²，占比为 1.29%，总体上呈现减少的趋势。其中河流水面面积从 1990 年的 691.50 hm² 减少到 2021 年的 216.94 hm²，主要是因为近 30 年来人类工程活动加剧，大量的河流水面被开发利用成盐田和养殖水面，导致河流水面面积减少；沿海滩涂资源在 2005 年之后消失，主要是由于 2008 年杨埕水库建设，沿海滩涂资源被开发利用成坑塘水面，导致沿海滩涂资源消失。

人工湿地景观主要包括草地、盐地碱蓬、坑塘水面、芦苇、农田、盐田、养殖水面共 7 类，总面积在 15940.82~16461.30 hm² 之间，占海兴湿地总面积的 94.61%~97.70%，总体上人工湿地景观占绝对比例。其中，草地、盐地碱蓬、芦苇、坑塘水面交织在一起，总面积在 2305.44~2840.04 hm² 之间，占人工湿地景观的 14.01%~17.82%，主要分布在杨埕水库周围的核心区内，这 4 种类型总体上呈现减少的趋势，由 1990 年的 2840.04 hm² 减少到 2021 年的 2341.72 hm²，主要是由于人类工程活动，部分草地被开发利用成为养殖水面；盐田和养殖水面为海兴人工湿地景观主要组成部分，二者总体上面积在 8602.99~10145.28 hm² 之间，占人工湿地景观的 53.97%~61.64%，总体上呈现增加的趋势；农田面积在 4007.75~4497.79 hm²，在人工湿地景观中占 24.35%～28.22%，在 2000—2005 年之间呈现增加的趋势，主要是因为部分草地和坑塘水面被开发利用成为农田，在 2005—2021 年总体上呈现减少的趋势，主要是因为部分农田被开发利用成为养殖水面，导致农田面积有所减少。

非湿地景观主要包括居民点、渔业设施用地，总面积在 66.32~226.44 hm²，占海兴湿地总面积的 0.39%~1.34%，总体上非湿地景观占比非常小。其中，居民点和渔业设施用地在 1990—2021 年之间，总体上都呈现增长的趋势，主要是由于近 30 年来人类工程活动加剧，导致非湿地景观面积逐渐增加。

表4-3　海兴湿地土地利用类型面积表　　　　　　单位：hm²

土地利用类型	1990 年	2000 年	2005 年	2010 年	2015 年	2021 年
河流水面	691.50	547.45	360.33	164.60	163.33	216.94
沿海滩涂	149.57	149.57	149.57	—	—	—
草地	560.88	366.73	210.55	15.14	3.92	3.92
盐地碱蓬	—	22.74	22.74	37.03	101.89	304.57
坑塘水面	284.59	239.78	254.11	1221.20	1353.34	1327.29
芦苇	1994.57	1994.57	2012.17	1081.74	846.29	705.94

土地利用类型	1990 年	2000 年	2005 年	2010 年	2015 年	2021 年
农田	4497.79	4280.46	4377.23	4034.28	4007.75	4011.62
盐田	3596.66	4411.02	4449.49	3794.89	3057.47	2932.08
养殖水面	5006.33	4721.98	4789.60	6277.02	7087.81	7155.06
居民点	65.56	113.13	221.52	220.34	224.10	188.90
渔业设施用地	0.76	0.79	0.92	1.98	2.34	1.90

图 4-1　2021 年海兴湿地无人机航拍照片

4.1.2.2　南大港湿地土地利用类型

1990—2021 年南大港湿地土地利用类型共分为 12 类（见表 4-4 和图 4-2），在这六个年份中，芦苇的面积在 3316.69~4927.16 hm² 之间，均为最大，分别占南大港湿地总面积的 64.97%、62.85%、62.75%、61.66%、53.64% 和 43.73%。

自然湿地景观主要为河流水面，面积在 76.34~97.16 hm² 之间，变化不大，占南大港湿地总面积的 1.01%~1.28%，总体上自然湿地景观占比非常小。

人工湿地景观主要包括草地、盐地碱蓬、林地、坑塘水面、农田、养殖水面、芦苇共 7 类，总面积在 7347.83~7453.45 hm² 之间，占南大港湿地总面积的 96.89%~98.28%，总体上人工湿地景观占绝对比例。其中，盐地碱蓬、坑塘水面、芦苇交织在一起，大部分都分布在南大港水库中，三者总体上面积在 4721.21~5032.21 hm² 之间，变化不大，占人工湿地景观的 64.19%~68.32% 之间，为人工湿地景观的主要组成部分。养殖水面仅在 2015 年的影像中出现，分布在湿地的最北侧，表明在 2010—2015 年间由于人类工程活动，湿地资源被开发利用成为养殖水面，于 2021 年的影像中消失，主要是因为 2019—2020 年开展的南大港湿地整治修复工程，将湿地最北侧的养殖池全部拆除，养殖水面消失，坑塘水面面积有所增加。其他草地、林地、农田面积变化不大。

非湿地景观主要包括公路用地、建筑用地、居民点、渔业设施用地共 4 类，总面积在 52.11~138.66 hm²，占南大港湿地总面积的 0.69%~1.83%，总体上非湿地景观占比非常小。其中，建筑用地于 2010—2015 年间面积增加了 80.24 hm²，主要是由于人类工程活动，在湿地东侧的试验区建设了太阳能设施。

表4-4 南大港湿地土地利用类型面积表　　　　　　单位：hm²

土地利用类型	1990 年	2000 年	2005 年	2010 年	2015 年	2021 年
河流水面	76.34	84.14	93.73	92.74	92.45	97.16
草地	—	—	—	5.53	23.56	19.28
盐地碱蓬	1.61	6.98	1.61	86.97	2.07	730.83
林地	—	—	—	—	—	37.75
坑塘水面	103.44	213.81	264.46	180.00	651.27	972.28
芦苇	4927.16	4766.19	4758.68	4676.32	4067.87	3316.69
农田	2421.24	2460.24	2409.56	2489.99	2464.21	2270.99

续表

土地利用类型	1990 年	2000 年	2005 年	2010 年	2015 年	2021 年
养殖水面	—	—	—	—	146.20	—
公路用地	26.30	25.48	25.76	25.91	21.87	26.14
建筑用地	—	—	—	—	80.24	80.24
居民点	27.55	26.82	29.86	26.20	33.40	32.28
渔业设施用地	—	—	—	—	0.51	—

图 4-2　2021 年南大港湿地无人机航拍照片

4.1.2.3　黄骅湿地土地利用类型

1990—2021 年黄骅湿地土地利用类型共分为 10 类（见表 4-5 和图 4-3）。其中，1990—2015 年，芦苇的面积最大，在 1108.26~1699.93 hm² 之间，占黄骅湿地总面积的 37.58%~57.64% 之间；2021 年养殖水面面积最大，达到 1436.06 hm²，占总面积的 48.69%。

自然湿地景观主要为河流水面和沿海滩涂，面积在 17.80~424.37 hm²

之间，总体上呈现逐渐减少的趋势，占黄骅湿地总面积的 0.60%~14.39%。其中，河流水面面积在 15.47~26.62 hm²，变化不大；沿海滩涂面积由 1990 年的 408.90 hm² 减少到 2005 年的 225.51 hm²，在 2005—2010 年期间消失，沿海滩涂位于湿地的西北部，由于进水量减少和人类工程活动加剧，沿海滩涂逐渐被芦苇、草地、建筑用地占据，直至消失。

人工湿地景观主要包括草地、盐地碱蓬、坑塘水面、芦苇、养殖水面共 5 类，总面积大体呈增加的趋势，但变化不大，在 2524.27~2917.24 hm² 之间，占黄骅湿地总面积的 85.58%~98.91%，总体上人工湿地景观占绝对比例。其中，草地、盐地碱蓬、坑塘水面、芦苇交织在一起，这四部分在 1990—2010 年为人工湿地景观的全部组成部分，在 2015 年、2021 年面积分别为 2306.18 hm² 和 1472.31 hm²，分别占人工湿地景观的 79.31% 和 50.62%，是人工湿地景观的主要组成部分；养殖水面在 2012 年开始围垦，到 2015 年时面积为 601.78 hm²，在 2018 年发展迅速，到 2021 年时面积达到 1436.06 hm²，占人工湿地景观的 49.38%。

非湿地景观主要包括建筑用地、居民点、渔业设施用地共 3 类，总面积在 0.00~15.08 hm² 之间，占黄骅湿地总面积的 0.00%~0.51% 之间，总体占比非常小。

表4-5　黄骅湿地土地利用类型面积表　　　　　单位：hm²

土地利用类型	1990 年	2000 年	2005 年	2010 年	2015 年	2021 年
河流水面	15.47	15.47	17.50	17.80	26.62	26.02
沿海滩涂	408.90	278.45	225.51	—	—	—
草地	—	—	1.76	357.97	257.06	70.43
盐地碱蓬	3.42	24.40	64.13	135.56	1.37	355.06
坑塘水面	820.92	482.58	335.85	667.63	939.49	644.56
芦苇	1699.93	2148.57	2304.72	1756.08	1108.26	402.26
养殖水面	—	—	—	—	601.78	1436.06
建筑用地				14.42	14.81	14.88
居民点	0.81	—	—	—	—	—

续表

土地利用类型	1990 年	2000 年	2005 年	2010 年	2015 年	2021 年
渔业设施用地	—	—	—	—	0.07	0.20

图 4-3　2021 年黄骅湿地无人机航拍照片

4.1.2.4　曹妃甸湿地土地利用类型

1990—2021 年曹妃甸湿地土地利用类型共分为 13 类（见表 4-6 和图 4-4）。其中，1990 年、2000 年、2005 年曹妃甸湿地土地利用类型中，均为芦苇面积最大，分别为 4733.27 hm²、4680.76 hm²、3064.71 hm²，分别占湿地总面积的 50.16%、49.61%、32.48%；2010 年、2015 年、2021 年湿地土地利用类型中，均为坑塘水面面积最大，分别为 4489.10 hm²、4463.35 hm²、4467.68 hm²，分别占湿地总面积的 47.57%、47.30%、47.35%。

自然湿地景观主要为河流水面，面积在 188.01~258.78 hm² 之间，变化不大，占曹妃甸湿地总面积的 1.99%~2.74%，总体上自然湿地景观占比非常小。

人工湿地景观主要包括草地、盐地碱蓬、坑塘水面、林地、芦苇、农田、盐田、养殖水面共 8 类，总面积减少，但变化不大，在 8906.11~

9155.18 hm² 之间，占曹妃甸湿地总面积的 94.39%~97.02%，总体上人工湿地占绝对比例。其中，盐地碱蓬、坑塘水面、芦苇交织在一起，三者总体上面积在 5691.70~7140.06 hm² 之间，大体上呈现减少的趋势，占人工湿地景观的 62.48%~77.99% 之间，为人工湿地景观的主要组成部分。养殖水面从 1990 年的 1259.82 hm²，增加到 2021 年的 1708.28 hm²，主要是近 30 年来，人类工程活动加剧，大量的坑塘水面、芦苇等被开发利用成为养殖水面，导致养殖水面面积增加。农田面积在 2000 年和 2005 年变化较大，主要是由于在这个阶段湿地北侧的坑塘水面和芦苇被开发利用成水稻田，导致这个时期的农田面积有所增加。盐田面积从 1990 年的 205.29 hm²，增加到 2021 年的 443.26 hm²，主要是因为人类工程活动加剧，湿地西北侧被开发利用成为盐田，导致盐田面积增大。其他草地、林地面积变化不大。

非湿地景观主要包括公路用地、建筑用地、居民点、渔业设施用地共 4 类，总面积在 92.72~271.00 hm²，占曹妃甸湿地总面积的 0.98%~2.87%，总体上非湿地景观呈现增加的趋势，但总体占比非常小。

表4-6　曹妃甸湿地土地利用类型面积表　　　　　　单位：hm²

土地利用类型	1990 年	2000 年	2005 年	2010 年	2015 年	2021 年
河流水面	188.01	187.76	209.47	187.42	236.73	258.78
草地	—	—	1.71	3.93	37.27	27.87
盐地碱蓬	—	—	—	—	—	17.32
坑塘水面	2406.79	1349.99	2626.99	4489.10	4463.35	4467.68
林地	—	—	—	8.74	8.53	37.81
芦苇	4733.27	4680.76	3064.71	1723.63	1404.63	1501.65
农田	550.01	1630.50	1619.86	484.75	898.41	702.24
盐田	205.29	198.42	428.03	394.11	435.35	443.26
养殖水面	1259.82	1280.86	1368.22	1958.15	1709.80	1708.28
公路用地	—	—	—	65.55	103.72	116.79
建筑用地	41.21	57.12	59.97	62.53	81.05	99.80
居民点	38.48	38.11	38.11	57.76	56.65	53.81

续表

土地利用类型	1990 年	2000 年	2005 年	2010 年	2015 年	2021 年
渔业设施用地	13.02	12.36	18.84	0.22	0.41	0.60

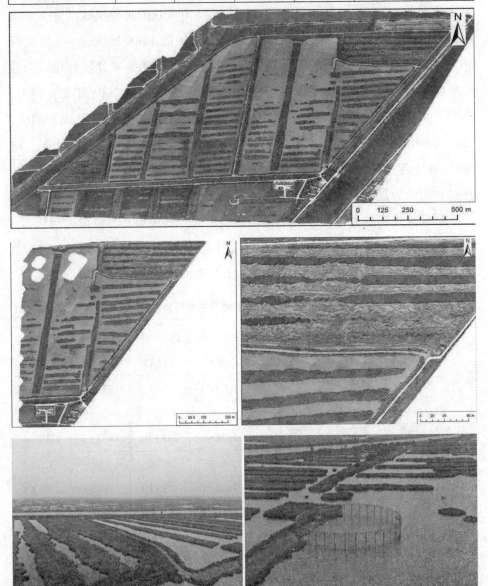

图 4-4　2021 年曹妃甸湿地无人机航拍照片

4.1.2.5 滦河口湿地土地利用类型

1990—2021 年滦河口湿地土地利用类型共分为 11 类（见表 4-7 和图 4-5）。滦河口湿地土地利用类型中，1990 年沿海滩涂面积最大，为 2112.44 hm²，占滦河口湿地总面积的 76.71%；2000 年沿海滩涂面积最大，为 1575.52 hm²，占湿地总面积的 57.21%；2005 年养殖水面面积最大，为 1320.65 hm²，占湿地总面积的 47.95%；2010 年养殖水面面积最大，为 2228.67 hm²，占湿地总面积的 80.93%；2015 年养殖水面面积最大，为 2155.53 hm²，占湿地总面积的 78.27%；2021 年养殖水面面积最大，为 1934.22 hm²，占湿地总面积的 70.23%。

自然湿地景观主要包括浅海和沿海滩涂，总面积由 1990 年的 2382.86 hm²，减少到 2010 年的 336.39 hm²，占湿地总面积的比例由 86.53% 减少到 12.21%，2021 年增加到 544.68 hm²，占比为 19.78%。其中浅海面积在 1990—2015 年在 270.42~410.77 hm² 之间，变化不大，在 2021 年面积增长为 536.69 hm²，主要是因为在 2019—2020 年开展的滦河口北岸湿地整治修复工程，对养殖池围堰进行部分拆除，导致浅海面积明显增加；沿海滩涂资源由 1990 年的 2112.44 hm²，减少到 2021 年的 7.99 hm²，主要是因为近 30 年来人类工程活动加剧，大量的沿海滩涂资源被开发利用成为养殖水面，导致沿海滩涂面积大量减少。

人工湿地景观主要包括草地、坑塘水面、林地、芦苇、农田、养殖水面共 6 类，总面积由 1990 年 369.81 hm²，占湿地总面积的 13.43%，增加到 2010 年的 2363.21 hm²，占湿地总面积的比例由 13.43% 增加到 85.81%；之后有所变化，2021 年减少到 2077.70 hm²，占比为 75.44%。其中，养殖水面在 1990—2010 年之间，由 352.01 hm² 增加到 2228.67 hm²，之后有所变化，在 2021 年减少为 1934.22 hm²，主要是因为近 30 年来人类工程活动加剧，大量的湿地资源被开发利用成为养殖水面，养殖水面面积逐渐增大，在 2019—2020 年开展的滦河口北岸湿地整治修复工程，对养殖池围堰进行部分拆除，导致 2021 年养殖水面面积有所减少；林地面积在 1990—2021 年之间，由 3.12 hm² 变化到 28.86 hm²；芦苇主要分布在滦河口湿地南岸，近年来面积变化不大；其他草地、坑塘水面、农田面积变化不大。

非湿地景观主要包括港口码头用地、居民点、渔业设施用地共3类，总面积由1990年的1.28 hm²，增加到2021年的131.59 hm²，占滦河口湿地总面积的0.05%~4.78%，总体上非湿地景观占比较小。3类非湿地景观面积大体上呈增大的趋势，主要是因为近30年来，人类工程活动加剧，各类建筑面积明显增加。

表4-7 滦河口湿地土地利用类型面积表   单位：hm²

土地利用类型	1990年	2000年	2005年	2010年	2015年	2021年
浅海	270.42	410.77	387.33	321.57	350.05	536.69
沿海滩涂	2112.44	1575.52	995.72	14.82	8.33	7.99
草地	14.68	21.76	20.76	33.78	15.90	42.50
坑塘水面	—	—	—	0.36	0.88	0.96
林地	3.12	7.15	6.44	13.48	20.48	28.86
芦苇	—	—	—	86.92	71.06	71.07
农田	—	—	—	—	—	0.07
养殖水面	352.01	730.28	1320.65	2228.67	2155.53	1934.22
港口码头用地	0.67	2.66	13.77	10.21	21.83	21.42
居民点	—	5.32	4.65	19.17	40.99	38.43
渔业设施用地	0.61	0.51	4.63	24.97	68.91	71.74

图 4-5　2021 年滦河口湿地无人机航拍照片

4.1.2.6　昌黎黄金海岸湿地土地利用类型

1990—2021 年昌黎黄金海岸湿地土地利用类型共分为 16 类（见表 4-8 和图 4-6）。昌黎黄金海岸湿地土地利用类型中，1990 年草地面积最大，为 3143.90 hm²，占湿地总面积的 31.95%；2000 年草地面积最大，为 2560.94 hm²，占湿地总面积的 26.03%；2005 年养殖水面面积最大，为 3031.07 hm²，占湿地总面积的 30.80%；2010 年养殖水面面积最大，为 3827.74 hm²，占湿地总面积的 38.90%；2015 年养殖水面面积最大，为 3838.67 hm²，占湿地总面积的 39.01%；2021 年养殖水面面积最大，为 3310.05 hm²，占湿地总面积的 33.64%。

自然湿地景观主要包括河流水面、浅海、沙地和沿海滩涂，总面积由 1990 年的 4043.61 hm²，减少到 2015 年的 769.81 hm²，占湿地总面积的比例由 41.09% 减少到 7.82%；2021 年增加到 1152.10 hm²，占比为 11.71%。

其中，河流水面面积由 1990 年的 734.76 hm²，减少到 2000 年的 323.01 hm²，主要是由于人类工程活动加剧，导致部分河流水面被开发利用成养殖水面；2000—2015 年，面积变化不大，在 304.11~319.57 hm² 之间；在 2021 年面积增加到 488.17 hm²，主要是因为在 2018—2019 年开展的昌黎黄金海岸湿地生态修复工程，对西北部的养殖水面进行了拆除，导致河流水面面积有所增加。沿海滩涂面积由 1990 年的 2396.29 hm²，减少到 2021 年的 28.53 hm²，主要是由于近 30 年来人类工程活动加剧，导致大量的沿海滩涂资源被开发利用成为养殖水面，导致沿海滩涂面积大量减少。沙地由于林地面积逐渐增大，导致面积有所减少，在 2010—2021 年之间变化不大。浅海面积在 1990—2015 年之间变化不大，因为开展了生态修复工程，导致 2021 年浅海面积有所增加，从 102.86 hm²，增长到 334.41 hm²。

人工湿地景观主要包括草地、坑塘水面、林地、农田、水稻、养殖水面共 6 类，总面积由 1990 年 5772.65 hm²，增加到 2015 年的 8494.45 hm²，占湿地总面积的比例由 58.66% 增加到 86.32%；2021 年减少到 8102.50 hm²，占比为 82.34%。其中，养殖水面在 1990—2015 年，由 1116.91 hm² 增加到 3838.67 hm²，在 2021 年减少为 3310.67 hm²，主要是因为近 30 年来人类工程活动加剧，大量的湿地资源被开发利用成为养殖水面，养殖面积逐渐增大，在 2018—2019 年开展的湿地整治修复工程，对养殖池围堰进行部分拆除，导致 2021 年养殖水面面积有所减少；1990—2021 年草地面积总体上呈减少的趋势，主要是因为大部分草地被林地和农田占据；1990—2021 年林地面积总体上呈增加的趋势，主要是由于林场不断扩大，导致林地面积增加；坑塘水面、农田、水稻面积变化不大。

非湿地景观主要包括港口码头用地、公路用地、建筑用地、居民点、渔业设施用地共 5 类，总面积由 1990 年的 23.89 hm²，增加到 2021 年的 585.55 hm²，占湿地总面积的 5.95%，总体上非湿地景观占比较小。非湿地景观面积逐渐增大，主要是因为近 30 年来，人类工程活动加剧，各类非湿地景观面积明显增加。

表4-8 昌黎黄金海岸湿地土地利用类型面积表　　　　单位：hm²

土地利用类型	1990年	2000年	2005年	2010年	2015年	2021年
河流水面	734.76	323.01	304.11	329.86	319.57	488.17
浅海	174.06	203.28	204.25	135.73	102.86	334.41
沙地	738.50	468.58	439.98	296.35	326.15	300.99
沿海滩涂	2396.29	1920.5	804.59	19.00	21.24	28.53
草地	3143.90	2560.94	2901.22	483.63	591.37	713.67
坑塘水面	32.39	63.07	50.74	57.67	67.57	81.44
林地	1479.45	2254.60	1856.85	3545.30	3388.36	3300.05
农田	—	—	—	866.64	608.48	691.78
水稻						4.89
养殖水面	1116.91	1829.06	3031.07	3827.74	3838.67	3310.67
港口码头用地	0.53	3.23	13.77	16.09	27.85	38.86
公路用地	—	—	—	0.42	0.42	0.47
建筑用地				—	87.40	87.40
居民点	23.36	213.89	224.94	227.58	369.41	364.59
渔业设施用地	—	—	8.64	34.13	90.82	94.23

图4-6　2021年昌黎黄金海岸湿地无人机航拍照片

4.1.2.7 北戴河湿地土地利用类型

1990—2021 年北戴河湿地土地利用类型共分为 7 类（见表 4-9 和图 4-7）。其中，1990—2021 年北戴河湿地土地利用类型中，均为林地面积最大，面积在 164.03~190.59 hm² 之间，占湿地总面积的 58.11%~67.52% 之间。

自然湿地景观主要包括沿海滩涂和河流水面，总面积在 56.27~61.78 hm² 之间，占湿地总面积的 19.93%~21.89% 之间，变化不大。其中，沿海滩涂大体上呈现减少的趋势，面积由 1990 年的 43.87 hm² 减少到 2021 年的 34.00 hm²，主要是由于部分滩涂被林地和草地占据；河流水面大体上呈现增加的趋势，面积由 1990 年的 16.26 hm² 增加到 2021 年的 25.81 hm²。

人工湿地景观主要包括草地、坑塘水面、林地共 3 类，总面积在 182.69~208.18 hm² 之间，占湿地总面积的 64.72%~73.75%，变化不大，总体上人工湿地景观占绝对比例。草地面积在 2010 年出现变化，主要是因为湿地西侧的居民点被拆除改造成草地，导致面积增加，又被改造成林地，导致 2015 年面积减少，其他年份草地面积变化不大。坑塘水面和林地面积虽有波动，但总体上变化不大。

非湿地景观主要包括公路用地和居民点，总面积在 13.97~37.81 hm² 之间，占北戴河湿地总面积的 4.95%~13.39% 之间，总体上非湿地景观面积变化不大，占比较小。

表4-9 北戴河湿地土地利用类型面积表　　　　单位：hm²

土地利用类型	1990 年	2000 年	2005 年	2010 年	2015 年	2021 年
沿海滩涂	43.87	39.72	39.72	38.46	33.06	34.00
河流水面	16.26	16.55	22.06	21.45	23.70	25.81
草地	—	7.45	4.14	15.90	6.34	5.91
坑塘水面	17.59	23.32	14.52	12.83	15.74	14.40
林地	190.59	174.77	164.03	168.34	182.10	181.33
公路用地	5.40	4.76	4.76	4.76	4.76	4.76
居民点	8.57	15.70	33.05	20.54	16.56	16.07

图 4-7　2021 年北戴河湿地无人机航拍照片

4.1.3　湿地土地利用类型变化推演

4.1.3.1　模拟预测及分析

在土地利用变化推演研究的过程中，本项目选用了 CA 模型与 Markov 模型相结合的 CA-Markov 模型对各沿海湿地的土地利用演变进行模拟预测。根据 2010 年、2015 年数据模拟预测 2021 年土地利用空间格局，与实际 2021 年土地利用格局进行对比，确定模拟精度是否达到研究要求，若未达到精度要求，则对模型进行调整；若达到研究要求，则采用此模型模拟 2025 年和 2030 年各沿海湿地土地利用格局，并进行变化分析。

一是研究工具。IDRISI 是遥感图像处理与地理信息系统结合应用的系统，包括遥感图像处理、地理信息系统分析、决策分析、空间分析、土地利用变化分析、全球变化监测、时间序列分析、适宜性评价制图、土地统计分析、CA 土地动态变化趋势预测、图像分割、不确定性管理、生物栖息地评估等 300 多个实用而专业模块，能有效地显示、处理和分析各种数字化的空间信息。本研究中所使用的 IDRISI 版本是 IDRISI Selva 17.00。

二是数据格式转换。根据 IDRISI 软件对文件格式的要求，需要在地球信息系统平台（ArcGIS）的 ArcGIS 10.8 中进行数据的转换。首先在 ArcGIS 10.8 中将 2010 年、2015 年各沿海湿地土地利用矢量图斑进行属性连接，使这两年相同地类对应的 Value 值保持一致，再根据 Value 值转换为栅格数据，转换为 IDRISI 软件支持的美国信息交换标准码（American standard code for Information Interchange, ASCII）格式；在 IDRISI 软件中将 ArcGIS 中导出的 ASCII 数据在 Import 模块下转为 IDRISI 支持的 RST 栅格格式。

三是 Markov 模型转移概率矩阵构建。本研究中的土地利用类型的动态变化具有马尔可夫过程的特点，即根据各种土地利用类型的相互转换，及在转化过程中无法准确预测的事件或者变化，运用 Markov 模型预测未来土地利用类型的变化趋势，具有一定的可行性。本研究利用 IDRISI 软件中的 Markov 模型来预测转化潜力图中各土地类型相互转化的变化量，获得研究区土地利用类型变化的转移概率矩阵。将 2010 年、2015 年 RST 数据导入 IDRISI 软件的 IDRISI GIS Analysis 下的 Markov 模型进行模拟，时间间隔设置为 5 年，往后推测年份设置为 6 年，比例误差设置为 0.1，获得 Markov 矩阵。

四是适宜性图集制作。土地利用类型转换适宜性图集是指某一种土地类型转变为其他用地类型的概率图，适宜性图集是转换规则的一个重要组成部分，可运用 IDRISI 软件中的 MCE 模块运算生成。本研究将 Markov 模型转移概率矩阵计算过程中生成的条件概率图像作为 CA-Markov 模型模拟土地利用格局的转换规则。

五是 CA-Markov 模拟 2021 年土地利用格局。

模拟过程：在 CA-Markov 模块下导入 2010—2015 年 Markov 模型转移矩阵、模拟 2021 年影像需要依据的影像，即 2015 年的土地利用类型 RST 栅格图，以及制作的适宜性图集。循环次数的设定与土地利用格局转移矩阵紧密联系，在 CA-Markov 模型中，最后一次循环是指运用 Markov 模型生成过渡区域图像是所指定的未来预测日期，并且迭代次数会将这个时间划分为多个相等的时间间隔，所以一般设置为间隔年限的整数倍。在本研究中，循环次数设置为 6，采用默认的摩尔型邻域 5×5 滤波器。参数设置完毕后，进行模型模拟，获得 2021 年模拟影像。

模拟结果精度检验：在 IDRISI 软件 GIS Analysis—Database Query—CROSSTAB 中，将预测的 2021 年数据与实际的 2021 年数据进行精度判断，用来分析这种方法预测其他年份数据的可靠性。精度越高表示该方法预测越准确，效果越好。

通常情况下，当 Kappa ≥ 0.75 时，两土地利用图的一致性较高，差异较小，即模拟效果较好，具有较高的可信度；当 0.4 ≤ Kappa<0.75 时，一致性一般，变化明显，即模拟效果一般；当 Kappa<0.4 时，一致性较低，差异较大，即模拟效果很差，模拟错误的栅格占据了总栅格数量的大部分位置，模型需要修改。

北戴河、曹妃甸、海兴、黄骅、南大港、昌黎黄金海岸、滦河口各湿地的精度检验 Kappa 系数分别为 0.8645，0.8115，0.7906，0.8911，0.8013，0.8105，0.8845，均大于 0.75，说明 2021 年研究区内模拟栅格图与实际 2021 年土地利用图一致性很高，CA-Markov 模型模拟精度准确，模拟的效果很好，可信度较高，适用于模拟研究区 2025 年、2030 年土地利用类型变化情况。

4.1.3.2　土地利用格局预测结果与分析

一是海兴湿地。2021 年至 2025 年沿海滩涂面积并未发生明显变化；草地面积减少 0.1474 hm²；盐地碱蓬面积增加 131.0189 hm²；河流水面面积增加 129.3809 hm²；居民点面积增加 29.2793 hm²；坑塘水面面积增加 308.2225 hm²，主要由农田和盐田转入；芦苇面积增加 53.3802 hm²；农田面积减少 225.7694 hm²，主要转变为坑塘水面和芦苇；盐田面积减少 252.8578 hm²，主要转变为坑塘水面；养殖水面面积减少 173.5593 hm²，主要转变为河流水面；渔业设施用地面积增加 1.0521 hm²。

2025年至2030年沿海滩涂面积并未发生明显变化；草地面积增加 0.0008 hm²；盐地碱蓬面积增加 82.4418 hm²；河流水面面积增加 66.8329 hm²，主要由养殖水面转入；居民点面积减少 2.8430 hm²，坑塘水面面积减少 17.7493 hm²，芦苇面积减少 107.5445 hm²，主要转变为盐地碱蓬和农田。农田面积增加 53.1003 hm²；盐田面积增加 9.6447 hm²；养殖水面面积减少 83.6838 hm²；渔业设施用地面积减少 0.1998 hm²。

根据推演结果可知，到2025年，海兴湿地养殖水面、盐田和农田面积有所减少，转为盐地碱蓬、芦苇、河流水面、坑塘水面；到2030年芦苇、坑塘水面和养殖水面面积减少，转为盐地碱蓬、河流水面和农田。

二是南大港湿地。2021年至2025年草地、公路用地、林地、河流水面、建筑用地、居民点、养殖水面、渔业设施用地、农田面积并未发生明显变化；盐地碱蓬面积减少 67.2851 hm²，主要转变为芦苇；坑塘水面面积减少 3.8776 hm²；芦苇面积增加 71.1627 hm²，主要由盐地碱蓬和坑塘水面转入。

2025—2030年间，草地面积增加 8.8443 hm²；盐地碱蓬面积减少 33.6227 hm²；公路用地面积增加 20.9233 hm²；林地面积增加 28.5029 hm²；河流水面面积增加 9.3145 hm²；建筑用地面积增加 43.8509 hm²；居民点面积增加 7.3039 hm²；坑塘水面面积增加 10.6808 hm²；芦苇面积减少 111.3775 hm²，主要转变为盐地碱蓬、养殖水面和渔业设施用地；农田面积减少 105.4343 hm²，主要转变为河流水面、建筑用地和林地。

根据推演结果可知，到2025年，南大港湿地盐地碱蓬面积减少 67.2851 hm²，转变为芦苇，其他土地利用面积未发生明显变化；到2030年盐地碱蓬、芦苇和农田面积减少，转为公路用地、林地和建筑用地。

三是黄骅湿地。2021年至2025年，草地、河流水面、沿海滩涂、居民点、建筑用地、养殖水面、渔业设施用地面积并未发生明显变化；盐地碱蓬面积减少 62.1162 hm²，主要转变为芦苇；坑塘水面面积减少 7.9184 hm²，芦苇面积增加 70.0346 hm²，主要由盐地碱蓬和坑塘水面转入。

2025年至2030年，草地面积增加 6.0327 hm²；盐地碱蓬面积减少

21.3560 hm²，主要转变为芦苇；河流水面面积增加 4.4489 hm²；建筑用地面积增加 7.7751 hm²，主要由养殖水面转入；坑塘水面面积减少 70.5297 hm²，主要转变为芦苇；芦苇面积增加 104.517 hm²；养殖水面面积减少 90.1390 hm²；渔业设施用地面积增加 7.8968 hm²。

根据推演结果可知，到 2025 年，黄骅湿地盐地碱蓬面积减少 62.1162 hm²，转变为芦苇，其他土地利用面积未发生明显变化；到 2030 年，坑塘水面和养殖水面有所减少，主要转出为芦苇。

四是曹妃甸湿地。2021 年至 2025 年，林地、公路用地、建筑用地面积并未发生明显变化；草地面积减少 0.1474 hm²；盐地碱蓬面积增加 131.0189 hm²；河流水面面积增加 129.3809 hm²；居民点面积增加 29.2793 hm²；坑塘水面面积增加 308.2225 hm²，主要由农田和盐田转入；芦苇面积增加 53.3802 hm²；农田面积减少 225.7694 hm²，主要转变为坑塘水面和芦苇；盐田面积减少 252.8578 hm²，主要转变为坑塘水面；养殖水面面积减少 173.5593 hm²，主要转变为河流水面；渔业设施用地面积增加 1.0521 hm²。

2025 至 2030 年草地面积减少 1.61 hm²；公路用地面积增加 14.5018 hm²，主要由芦苇转入；河流水面面积增加 18.6228 hm²，主要由养殖水面转入；建筑用地面积增加 27.6849 hm²，主要由坑塘水面转入；居民点面积减少 2.0356 hm²；坑塘水面面积减少了 34.7506 hm²；林地面积增加 17.525 hm²；芦苇面积增加 9.2172 hm²；农田面积减少 65.9931 hm²，主要转变为坑塘水面；盐田面积减少 10.774 hm²；养殖水面面积增加 5.9615 hm²；渔业设施用地面积增加了 0.1021 hm²。

根据推演结果可知，到 2025 年，曹妃甸湿地农田、盐田和养殖水面面积有所减少，分别减少 225.7694 hm²、252.8578 hm²、173.5593 hm²，转为盐地碱蓬、河流水面和芦苇；到 2030 年，坑塘水面、农田面积有所减少，转变为河流水面和建筑用地。

五是滦河口湿地。2021 年至 2025 年，草地面积增加 0.0627 hm²；港口码头用地面积增加 0.0001 hm²；居民点面积减少 2.1910 hm²，主要转变为养殖水面；坑塘水面面积减少 0.0002 hm²；林地面积减少 0.0549 hm²；芦苇面积减少 0.0514 hm²；农田面积减少 0.0017 hm²；浅海面积减少 0.1281 hm²；沿海滩涂面积增加 0.1929 hm²；养殖水面面积增加 2.1311 hm²，主要由居民点转入；渔业设施用地面积增加 0.0405 hm²。

2025 至 2030 年，草地面积减少 0.0272 hm²；港口码头用地面积减少 0.0036 hm²；居民点面积增加 2.1349 hm²，主要由养殖水面转入；坑塘水面面积增加 0.0045 hm²；林地面积增加 0.0793 hm²；芦苇面积减少 0.0159 hm²；农田面积减少 0.0009 hm²；浅海面积增加 0.0311 hm²；沿海滩涂面积减少 0.0072 hm²；养殖水面面积减少 2.1935 hm²，主要转变为居民点；渔业设施用地面积减少了 0.0015 hm²。

根据推演结果可知，到 2025 年，滦河口湿地养殖水面面积增加 2.1311 hm²，其他土地利用方式变化不大；到 2030 年，养殖水面面积减少 2.1935 hm²，其他土地利用方式变化不大，总体上湿地土地利用方式变化不大。

六是昌黎黄金海岸湿地。2021 年至 2025 年，草地面积减少 114.8448 hm²；港口码头用地面积减少 10.6859 hm²；公路用地面积减少 0.0476 hm²；河流水面面积减少 168.5811 hm²，主要转变为养殖水面；水稻、建筑用地基本未变；居民点面积增加 6.1631 hm²；坑塘水面面积减少 13.7391 hm²；林地面积增加 78.8952 hm²，主要由草地转入；农田面积减少 87.9874 hm²；浅海面积减少 191.8199 hm²，主要转变为养殖水面；沙地面积增加 25.5567 hm²；沿海滩涂面积减少 7.2988 hm²；养殖水面面积增加 477.2145 hm²，主要由浅海和河流水面转入；渔业设施用地面积增加 7.1750 hm²。

2025 年至 2030 年，草地面积减少 288.5252 hm²，主要转变为坑塘水面和公路用地；港口码头用地面积增加 887.0218 hm²，主要由农田、林地和居民点转入；公路用地面积增加 689.8277 hm²，主要由农田、沙地转入；河流水面面积减少 53.4364 hm²；建筑用地面积减少 16.4249 hm²；居民点面积减少 279.5387 hm²；坑塘水面面积增加 1427.4496 hm²；林地面积减少 1269.9831 hm²，主要转变为坑塘水面；农田面积减少 274.7605 hm²；浅海面积增加 54.0374 hm²；沙地面积减少 221.5176 hm²；沿海滩涂面积减少 20.8763 hm²；养殖水面面积减少 542.9904 hm²；渔业设施用地面积减少 90.2835 hm²，水稻面积基本未变。

根据推演结果可知，到 2025 年昌黎黄金海岸湿地，养殖水面面积将增加 477.2145 hm²，浅海、草地和河流水面面积将大量减少，转为养殖水面；到 2030 年，草地、林地、沙地面积将大量减少，转变为港口码头用地、坑塘水面和公路用地。

七是北戴河湿地。2021 年至 2025 年草地面积增加 5.7248 hm²，主要由沿海滩涂转入；公路用地面积减少 0.3200 hm²；河流水面面积增加 7.5849 hm²，主要由林地转入；居民点面积增加 0.9454 hm²；坑塘水面面积增加 4.6819 hm²；林地面积减少 14.1932 hm²，主要转变为河流水面和坑塘水面；沿海滩涂面积减少 4.4219 hm²，主要转变为草地。

2025 年至 2030 年，草地面积增加 0.8888 hm²；公路用地面积增加 0.3008 hm²；河流水面面积增加 1.9174 hm²；居民点面积减少 0.2694 hm²；坑塘水面面积减少 1.0258 hm²；林地面积减少 1.0097 hm²；沿海滩涂面积减少 0.8021 hm²。

根据推演结果可知，到 2025 年北戴河湿地，林地面积减少 14.1932 hm²，转变为河流水面和坑塘水面；到 2030 年，草地和河流水面面积有所增加，坑塘水面和沿海滩涂面积有所减少，总体上面积变化不大。

通过栅格图格式转换、转移矩阵求取、制作适宜性图集、构建 CA-Markov 模型，对 2025 年、2030 年土地利用类型进行了模拟和预测，得出以下结论：

一是 2021 年土地利用类型模拟。通过对 2021 年模拟土地利用类型图和实际土地利用类型图进行精度检验，结果显示 Kappa 系数大于精度所要求的 0.75，说明二者的一致性较高，设定的转化规则符合演变规律，可以采用该模型对 2025 和 2030 年沿海湿地土地利用类型进行模拟预测。

二是 2025 年土地利用格局预测。采用同样的转化规则运行 CA-

Markov 模型，得到 2025 年预测用地格局图。结果显示：2021—2025 年研究区用地格局总体延续着 2015—2021 年的变化趋势。

三是 2030 年土地格局预测。结果显示：2025—2030 年研究区土地利用类型之间的转换依然较为活跃。

4.2　海草床生态系统

4.2.1　数据来源和处理

海草床分布范围调查以遥感解译为主，结合无人机航拍、潜水等方式，通过分析海草的光谱特征，辨识海草自身分布密度和深度不同导致的光谱曲线变化从而有效区分混合区域的海草与不同物种海藻等。研究主要利用的影像数据是优于 1 m 的高分辨率卫星数据，包括高分一号卫星、高分二号卫星、高分六号卫星、资源三号卫星、北京二号等，选择最佳波段的遥感影像信息来进行彩色合成，提取海草高精度的空间分布范围，再结合无人机及潜水等现场调查方式，记录海草床边缘位置全球定位系统（global positioning system, GPS）定位点及影像资料，根据遥感解译结果结合现场调查数据修改完善海草床分布范围。

4.2.1.1　遥感解译

海草床遥感影像数据主要有两部分工作内容，原始影像质量检查、原始遥感影像数据处理、建立遥感影像解译标志和信息提取。

一是原始影像质量检查。检查相邻影像之间的重叠是否在 4% 以上，特殊情况下不少于 2%，原始影像光谱信息是否丰富，以及原始影像是否存在噪声和掉线。

常见的严重影响数字正射影像图精度的问题包括接边超限、拉花、变形、存在大量坏点、颜色失真、数据损失、原始亮度过高、基础底图覆盖不全、基础底图存在大面积云、部分基础底图与其相邻影像纹理不能相连接。

二是原始影像数据处理。遥感图像处理是遥感技术重要的一步，其可以提高遥感图像的质量，并从图像中提取特征或专题信息。遥感数据处理的技术流程主要包括预处理、影像融合、图像增强、镶嵌与裁剪、波段组合。

三是建立遥感影像解译标志。每个传感器都在特定的光谱波段（如颜色）范围内工作并产生图像。充分分析遥感数据，根据专题因子在遥感影像上呈现的色调特征，建立专题因子的典型遥感解译标志（如图4-8）。值得注意的是，数据源不同可能呈现的色彩会略有差异。

图4-8　遥感解译标志

四是信息提取。信息提取的方式主要包括人工目视遥感解译和计算机自动提取两种。

人工目视遥感解译是指解译人员在 ArcGIS 上进行。解译人员根据已经建立的遥感图像解译标志，在计算机自动提取的海草床分布信息基础上，结合调查区前人调查资料和潮汐表、水深数据、野外踏勘等大量辅助资料，综合运用多种解译方法进行海草床分布信息的补充和修正。

计算机自动提取是指基于预处理后的遥感影像数据，利用光学遥感技术识别曹妃甸浅海底部海草栖息地，监测海草空间分布范围和动态变化趋势，绘制海草覆盖图并区分覆盖等级，评估海草丰度及空间特征等操作。

五是野外验证。室内海草床信息提取完成后需要进行野外验证工作，从整体上对海草床分布边界、海草床疏密度情况等进行详细调查和了解，对室内信息提取成果进行必要的验证和检查。通过实地核查，修正错误，完善信息，从而保证结果的可靠性、真实性和准确性。

4.2.1.2　无人机航拍及潜水调查

根据遥感解译结果，采用大疆经纬 M300 RTK 无人机，在大潮低潮段，进行无人机拍摄（如图 4-9），对海草床范围进行核查，利用大疆智图软件进行二维正射影像建模；为尽最大可能准确识别海草分布状况及种类，于大潮低潮段，利用船舶走航及潜水调查方式（潜水员携带水下摄像机进行潜水拍摄调查如图 4-10），采用 GPS 定位记录海草床边界拐点（海草床边界以海草覆盖度 >5% 为划分标准）、上下限及海草分布中心的经纬度坐标，并在记录本上描绘海草分布与近岸标志性建筑的位置示意图。实验室中对拍摄录像以及定点坐标进行判读分析，记录海草种类和估算海草的分布面积。

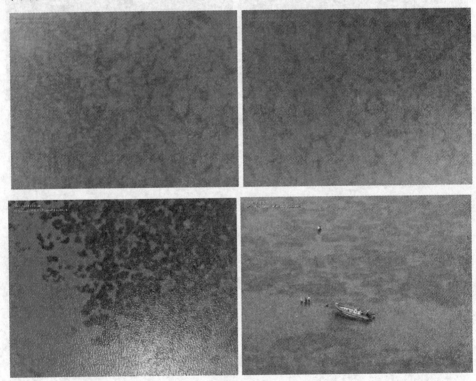

图 4-9　无人机航拍照片

图 4-10　潜水调查照片

4.2.1.3　密度分区

在遥感解译海草床范围的基础上，构建植被指数或计算主成分波段，基于单波段灰度图像运用密度分割方法提取海草空间分布特征及盖度等级，海草床分布密集区呈现大片红色，分布稀疏的区域表现为分散的斑块或点状（图 4-11）。

图 4-11　海草床密集区、一般区、稀疏区解译标志

4.2.2 海草床分布现状

通过遥感解译，结合无人机航拍和现场潜水调查，河北省海草床生态系统的主要优势种为鳗草。运用完整的遥感图像处理平台（The Environment for Visualizing Images, ENVI）进行覆盖指数计算，结合 ArcGIS 等软件对曹妃甸海域海草分布面积进行解译、范围界定、面积测算及盖度分级，计算得出 2022 年度海草床分布面积为 42.75 km²。

根据海草床分布状况分为密集区、较密集区、一般区、较稀疏区和稀疏区。其中，稀疏区面积最大，为 15.56 km²，占总面积的 36.40%；其次是一般区和较稀疏区，面积分别为 8.04 km² 和 8.02 km²，分别占总面积的 18.81% 和 18.76%；密集区和较密集区面积较小，分别为 5.60 km² 和 5.53 km²，分别占总面积的 13.10% 和 12.93%。密集区与较密集区多分布在北部区域，从总体分布来看，北部海草床面积占总面积的 70%，南部占 30%。

4.2.3 海草床分布范围变化趋势

海草床作为三大滨海蓝碳生态系统之一，具有强大的碳捕获和碳固存能力，它通过光合作用固定二氧化碳，通过减缓水流促进颗粒碳沉降，低分解率和相对稳定性使其对碳的固存可达数千年。它具有重要的生态功能，有"海底草原"和"海底森林"之称，能够捕获和储存大量的碳，并将其永久埋藏在海洋沉积物里，因而成为地球上密集的碳汇之一。

有研究表明，全球海草生长区的面积不到海洋总面积的 0.2%，但每年海草床生态系统固存的碳占全球海洋碳固存总量的 10%~15%。小身板蕴藏着大能量，海草床在全球碳循环中发挥着极其重要的作用，提升海草床碳汇能力和扩大蓝碳增量，对我国实现"双碳"目标极为重要。

唐山市曹妃甸海草床为国内现存已知温带海域面积最大的鳗草海草床，本项目选取 2013 年、2015 年、2017 年、2020 年、2022 年共 5 个年度的海草床遥感影像进行遥感解译和 ENVI 计算，结合 ArcGIS 出图，得到各年份海草床分布范围。

　　2013 年、2015 年、2017 年、2020 年、2022 年海草床分布面积分别为 22.79 km²、31.41 km²、32.49 km²、34.67 km²、42.75 km²，海草床总面积呈现增加的趋势，且西北部的变化较为明显，分布范围呈现增大的趋势，主要是因为近年来建立健全了各级的保障制度，海洋环境得到改善，以及海草床的蓝碳能力逐渐被认识，海草床的保护和修复力度逐渐增强。其中2020—2022 年增长趋势较大，主要是因为近年来开展了"曹妃甸龙岛西北侧海草床生态保护与修复（一期）"工程，使海草床面积得到了明显的提高。

5   蓝碳生态系统环境特征

5.1   海滨盐沼环境特征

本项目在调查年（2021 年），对河北省滨海的海兴湿地、南大港湿地、黄骅湿地、曹妃甸湿地、滦河口湿地、昌黎黄金海岸湿地共六个湿地的潮上带陆域部分，分枯水期和丰水期开展补充调查和取样工作，分别对各湿地的水环境、土壤环境、植被群落特征现状进行调查，运用统计产品与服务解决方案（Statistical Product and Service Solutions, SPSS）分析软件进行多因子相关性分析湿地植物群落稳定性的影响因素，综合其他资料和现场调查数据，分析得出导致植被退化的主要影响因素。

5.1.1   取样点站位布设

根据资料收集和前期踏勘结果，本次调查共布设 79 个站位。其中，海兴湿地布设 10 个站位，南大港湿地布设 12 个站位，黄骅湿地布设 9 个站位，曹妃甸湿地布设 12 个站位，滦河口湿地布设 26 个站位，昌黎黄金海岸湿地布设 10 个站位。在调查年（2021 年）开展调查和取样工作，其中第一次调查取样在 5—6 月份枯水期开展，主要包括现场调查，水样、土样的采集和分析工作；第二次调查取样在 8—9 月份丰水期开展，主要包括现场调查，水样、土样的采集和分析工作，以及湿地植物群落调查等（如图 5-1 所示）。

水样测试内容包括含盐量、pH 值、硝酸盐含量、亚硝酸盐含量，土样测试内容包括土壤含盐量、pH 值、总有机碳、速效氮、速效磷、速效钾、有机质，在滦河口湿地土样中增加了颗粒分析。湿地植物群落调查主要包括种类、高度、盖度、生物量等。

水样采集

土样采集

植物生物量调查

植物样方调查

图 5-1 湿地野外调查照片

5.1.2 水环境特征

在调查年（2021 年）开展水环境特征调查和取样工作，根据《地表水监测技术规范（征求意见稿）》，第一次调查取样在 5—6 月份枯水期开展，第二次调查取样在 8—9 月份丰水期开展，采集水样 500 mL，放入白色封口瓶中，带回实验室进行测试，测试内容包括含盐量、pH 值、硝酸盐含量、亚硝酸盐含量。

5.1.2.1 海兴湿地

海兴湿地枯水期含盐量在 3.18~9.67 g/kg，HX2、HX3 站位含盐量异常，分别为 53.26 g/kg 和 57.30 g/kg，主要因为该调查站位位于海水池附近，导致水体含盐量受到影响；丰水期含盐量低于枯水期，含盐量在 3.06~5.92 g/kg 之间。枯水期硝酸盐含量在 3.53~5.20 mg/L；丰水期含量小于枯水期，在 1.83~3.69 mg/L 之间。枯水期亚硝酸盐含量在 0.02~0.13 mg/L 之间，HX9 站位周边有农牧养殖，可能对水体产生影响，导致亚硝酸盐含量异常升高；丰水期含量变化不大，在 0.05~0.14 mg/L 之间。pH 值在枯水期和丰水期变化不大，在 7.08~8.89 之间。

5.1.2.2　南大港湿地

南大港湿地枯水期含盐量范围为 3.38~6.10 g/kg，NDG1、NDG2、NDG3、NDG4 站位含盐量异常，分别为 32.7 g/kg、35.5 g/kg、12.5 g/kg、18.3 g/kg，主要是因为这四个调查站位之前为海水养殖区，导致水体含盐量较高；NDG11、NDG12 站位间为湿地进水口，可能进入湿地的水中含盐量较高，导致该站位含盐量较高。丰水期含盐量低于枯水期，在 1.10~4.80 g/kg 之间。硝酸盐含量和亚硝酸盐含量，在枯水期 NDG4 和 NDG11 站位异常，主要是因为 NDG4 之前为海水养殖区，饲料、药品等会对水体产生影响；NDG11 站位位于湿地进水口附近，可能进入湿地的水中含有较高的营养盐，导致水体含盐量升高。pH 值在枯水期和丰水期变化不大，介于 7.57~8.59 之间。

5.1.2.3　黄骅湿地

黄骅湿地枯水期含盐量在 17.20~29.00 g/kg 之间（HH8 站位丰水期被水淹没了，没有取样），HH1 站位含盐量异常，为 40.90 g/kg，主要是因为该调查站位位于盐田附近，导致水体受到影响，含盐量较高；HH9 站位位于修复区内，之前为海水养殖用地，导致水体含盐量较高。枯水期亚硝酸盐含量在 HH3、HH7 站位较高，这两个调查站位在养殖池周围，养殖投放的饲料和药品等导致周围水体中亚硝酸盐含量升高。枯水期硝酸盐含量在 3.17~5.37 mg/L 之间；pH 值在 7.26~8.26 之间。丰水期含盐量、硝酸盐含量、亚硝酸盐含量都低于枯水期，含盐量明显偏低，在 1.99~8.62 g/kg 之间，变化趋势与枯水期一致。

5.1.2.4　曹妃甸湿地

曹妃甸湿地枯水期含盐量在 2.04~6.27 g/kg 之间（CFD12 枯水期周边

没有地表水，CFD5丰水期被水淹没了，没有取样），在CFD4、CFD5、CFD6、CFD7站位含盐量异常，主要是这四个调查站位位于曹妃甸湿地南侧，距离海岸线较近，且这四个站位之前都为海水养殖区，导致水体中含盐量较高；硝酸盐含量在2.10~15.55 mg/L之间，在CFD4、CFD5、CFD7站位硝酸盐含量较高，主要是因为这三个站位之前为养殖池，投放的饲料和药品等导致水体中硝酸盐含量较高；亚硝酸盐含量在0.07~0.54 mg/L之间；pH值在7.59~8.88之间。

丰水期含盐量、硝酸盐含量、亚硝酸盐含量总体上都低于枯水期，含盐量在1.45~6.10 g/kg之间，变化趋势与枯水期一致；硝酸盐含量在099~3.80 mg/L之间；亚硝酸盐含量在0.02~0.47 mg/L之间；pH值在7.17~8.80之间。

5.1.2.5　滦河口湿地

滦河口湿地枯水期含盐量范围为21.90~48.50 g/kg，大部分在30.00 g/kg以上（LHK15、LHK22、LHK24在枯水期周边没有地表水，LHK15在丰水期被水淹没，没有进行取样），主要因为调查站位位于滦河口南北两侧，距离海岸线较近，在潮汐作用下受海水影响较大，导致水体中含盐量较高；丰水期水体含盐量总体上远低于枯水期，含盐量范围为0.31~3.27 g/kg，LHK6含盐量异常，该调查站位在海水养殖池周边，导致水体中含盐量升高；其他站位都小于10 g/kg，大部分站位小于1 g/kg，主要是因为丰水期降雨量较大，减弱了潮汐对表层水的影响，从而导致丰水期各站位的含盐量较低。

枯水期硝酸盐含量在0.65~3.76 mg/L之间；丰水期硝酸盐含量在0.73~4.72 mg/L之间，大部分站位硝酸盐含量在2.00 mg/L以上，明显高于枯水期。枯水期亚硝酸盐含量范围为0.03~0.54 mg/L，LHK11、LHK12、LHK13三个站位亚硝酸盐含量较高，该站位位于滦河口上游，可能由于上游养殖导致水体中亚硝酸盐含量局部升高；丰水期亚硝酸盐含量范围为0.02~0.21 mg/L，明显低于枯水期。pH值在7.07~8.58之间，枯水期和丰水期变化不大。

5.1.2.6　昌黎黄金海岸湿地

昌黎黄金海岸湿地枯水期含盐量范围为 29.50~53.70 g/kg，含盐量较高，主要是因为调查站位位于潟湖和海水养殖池周边，受海水影响，导致水体含盐量明显升高；HJHA2 站位含盐量异常，为 8.62 g/kg，主要因为该站位位于水稻种植南侧，种植水稻用的是淡水，所以导致调查站位水体含盐量较低；丰水期含盐量低于枯水期，在 28.50~50.60 g/kg 之间。硝酸盐含量和亚硝酸盐含量在 HJHA3 站位丰水期明显升高，主要是因为该调查站位位于水稻种植北侧，受农药、肥料等影响，导致硝酸盐含量和亚硝酸盐含量明显升高。pH 值在枯水期和丰水期变化不大，在 7.39~8.51 之间。

5.1.3　土壤环境特征

在调查年（2021 年）开展土壤环境特征调查和取样工作，其中第一次调查取样在 5—6 月份开展，第二次调查取样在 8—9 月份开展。根据《暗管改良盐碱地技术规程 第 1 部分：土壤调查》（TD/T 1043.1-2013）的要求，土壤样品在海兴湿地、南大港湿地、黄骅湿地、曹妃甸湿地、昌黎黄金海岸湿地分 0~20 cm、20~40 cm 进行调查取样工作，分别取土样 500 g，放入封口袋中，带回实验室进行测试，测试内容包括土壤含盐量、pH 值、总有机碳、速效氮、速效磷、速效钾、有机质；在滦河口湿地增加 40~60 cm 取样，测试指标增加土壤颗粒分析。

5.1.3.1　海兴湿地

海兴湿地土壤中土壤含盐量在 0.50~4.65 g/kg 之间，HX2、HX3 站位土壤含盐量异常，分别为 14.75 g/kg 和 12.65 g/kg，主要因为调查站位位于海水池附近，导致土壤受到影响，土壤含盐量较高；丰水期土壤含盐量在 0.50~1.60 g/kg 之间。土壤中速效钾总体上枯水期高于丰水期，总有机碳、有机质、速效磷、速效氮丰水期高于枯水期，pH 值枯水期和丰水期变化不大，在 7.96~8.79 之间。

5.1.3.2　南大港湿地

南大港湿地枯水期土壤中土壤含盐量在 0.50~2.70 g/kg 之间，NDG4

站位含盐量较高，为 13.70 g/kg，该调查站位之前为海水养殖区，虽然进行了修复，但尚未完成脱盐过程，土壤含盐量仍然偏高；丰水期土壤含盐量比枯水期低，在 0.50~1.55 g/kg 之间。土壤中速效磷、速效钾总体上枯水期高于丰水期，速效氮、有机质、总有机碳含量丰水期高于枯水期，pH值枯水期和丰水期变化不大，在 7.69~8.59 之间。

5.1.3.3 黄骅湿地

黄骅湿地土壤中枯水期土壤含盐量在 2.85~15.5 g/kg 之间，HH8 丰水期淹没了，没有取样，各站位差异显著，其中 HH7、HH6 受养殖影响较大，HH1、HH4 为进水口，长期受环境水影响，HH9 近期完成植被修复，土壤脱盐尚未完成，导致这些站位含盐量较高。另外，HH1、HH3、HH4 站位位于盐田周围，运输盐的车辆对周围土壤的土壤盐含量产生影响，导致土壤含盐量偏高；丰水期土壤含盐量总体上低于枯水期，土壤含盐量在 0.95~13.05 之间。土壤中速效磷、速效钾、总有机碳、有机质总体上枯水期高于丰水期，速效氮丰水期高于枯水期，pH值枯水期和丰水期变化不大，在 7.52~8.66 之间。

5.1.3.4 曹妃甸湿地

曹妃甸湿地枯水期土壤含盐量范围为 2.30~12.90 g/kg，CFD5 站位在丰水期淹没了，没有取样，CFD4、CFD5、CFD6 站位主要是因为该调查站位位于海水养殖池周边，土壤含盐量较高；CFD2 主要是因为该调查站位位于湿地养护站周围，人类活动较为频繁，喂养受伤鸟类的食物中含盐量较高；丰水期土壤含盐量总体上低于枯水期土壤含盐量，在 0.40~2.60 g/kg 之间，CFD6 和 CFD4 站位土壤含盐量较高，其他站位土壤含盐量较低。土壤中速效磷、速效钾、总有机碳、有机质总体上枯水期高于丰水期，速效氮丰水期高于枯水期，pH值枯水期和丰水期变化不大，在 7.73~8.87 之间。

5.1.3.5 滦河口湿地

滦河口湿地土壤含盐量枯水期除个别站位外都在 1 g/kg 以下（LHK5 站位淹没了，没有取样），LHK1 和 LHK2 站位土壤含盐量较高，调查发现该站位近期进行了客土、换土，对土壤含盐量产生了较大影响；LHK15、

LHK16 站位位于海水养殖池周边，土壤含盐量较高。丰水期土壤含盐量除 LHK15、LHK16 站位外都在 1 g/kg 以下，变化不大。

速效磷在枯水期和丰水期变化不大，除个别站位外，大部分含量都在 10 mg/kg 以下，丰水期 LHK3 站位含量较高，是因为该站位为修复换土，客土中的有机磷含量较高导致该站位异常升高；LHK17、LHK18、LHK19 站位位于农田周边，土壤施肥等导致这些站位速效磷含量升高。速效钾在枯水期和丰水期变化不大，除个别站位外，大部分含量都在 30 mg/kg 以下，枯水期 LHK1~LHK8 站位为修复换土，客土中的速效钾含量导致这些站位含量异常升高。

速效氮在丰水期含量高于枯水期，枯水期含量大部分在 10 mg/kg 以下，丰水期含量除 LHK18 站位外，都低于 30 mg/kg；总有机碳除 LHK18 站位外，含量都在 6 g/kg 以下；有机质除 LHK18 站位外，含量都在 10 g/kg 以下，主要是由于 LHK18 站位位于农田周边，土壤施肥等导致速效氮、总有机碳、有机质含量明显升高。

根据土壤颗粒分析结果，滦河口湿地土壤以粉土、粉沙、细砂为主，少量分布中砂，粒径较大，受滦河上游来水的冲刷，导致滦河口湿地的土壤不能很好地形成土壤胶体，土壤速效营养、有机质流失严重，土壤中速效磷、速效氮、速效钾和有机质含量与其他湿地相比，明显偏低。

5.1.3.6　昌黎黄金海岸湿地

昌黎黄金海岸湿地土壤枯水期土壤含盐量范围为 0.40~3.25 g/kg，HJHA4、HJHA5 站位土壤含盐量较高，主要是因为调查站位位于潟湖边缘，受潮汐作用，海水涨潮时对土壤产生影响，导致土壤含盐量升高；丰水期土壤含盐量在 0.30~9.95 g/kg 之间。土壤中速效钾、总有机碳、有机质含量总体上枯水期高于丰水期，速效磷、速效氮丰水期高于枯水期，pH 值枯水期和丰水期变化不大，在 6.64~8.95 之间。

5.1.4　植物群落特征

根据前期收集的资料，结合本次调查的结果可知，河北省滨海湿地的主要优势种为芦苇、盐地碱蓬、碱蓬、狗尾草、虎尾草、地肤、苣荬菜、乳苣、荸草、野大豆、白茅、草木樨、刺儿菜、阿尔泰狗娃花、艾、苍耳、牛筋草和马唐（如图5-2所示）等。

在前期野外踏勘的基础上，选取有代表性的样地进行调查，根据《野生植物资源调查技术规程》（LY/T 1820-2009），在样地中根据主要植物群落设置草本样方1 m×1 m。采取定性调查与定量调查相结合的方式，对样方周围的乔木和灌木进行记录，乔木调查主要植物群系、优势物种的平均高度、平均冠幅、平均胸径和株数；灌木调查主要植物群系、优势物种的平均盖度、平均高度和株数；草本调查植物群系、优势物种的平均盖度和平均高度和生物量等。

植物的优势种根据各个种的优势度（Y）值来确定。

$$Y = N_i / N \times f_i$$

式中，N_i 为 i 种类的个体数；N 为所有种类总的个体数；f_i 为 i 种类个体出现的频率。$Y > 0.02$ 的种类为优势种。

香农－维纳多样性指数（ShannonWiener's diversity index）H' 的计算公式为

$$H' = -\sum(N_i / N)\ln(N_i / N)$$

辛普森多样性指数（Simpson's diversity index）D 的计算公式为

$$D = 1 - \sum_{i=1}^{S} P_i^2$$

式中，P_i 为群落中第 i 种的个体数占群落中总个体数的比例；S 为样方中观察的物种数。

Margalef's 丰富度指数 D' 的计算公式为

$$D' = (S-1) / \ln N$$

Pielou 均匀度指数 J 的计算公式为

$$J = H' / \ln S$$

芦苇

盐地碱蓬

碱蓬

狗尾草

虎尾草

地肤

苣荬菜 乳苣

荸草 野大豆

白茅 草木樨

刺儿菜   阿尔泰狗娃花

艾   苍耳

牛筋草   马唐

图 5-2 植物优势种照片

5.1.4.1 植物群落种类组成

一是植物群落种类组成。本项目于 2021 年 8—9 月分别对河北省滨海的海兴湿地、南大港湿地、黄骅湿地、曹妃甸湿地、滦河口湿地、昌黎黄金海岸湿地共六个湿地进行植被调查，共设置调查样方 79 个，共发现植物 77 种，分属于 32 科，67 属。其中，乔木 12 种，灌木 8 种，草本 57 种（表 5-1）。所有植物的分类、科、属及拉丁名称见表 5-2。

表5-1 植物分类组成表

序号	分类	种类数（种）	占有比例 (%)
1	乔木	13	16.88
2	灌木	7	9.09
3	草本	57	74.03
	小计	77	100.00

表5-2 植物总名录

序号	植物种类	分类	科	属	拉丁名称
1	白蜡树	乔木	木樨科	梣属	*Fraxinus chinensis* Roxb.
2	柽柳	乔木	柽柳科	柽柳属	*Tamarix chinensis* Lour.
3	臭椿	乔木	苦木科	臭椿属	*Ailanthus altissima* (Mill.) Swingle
4	刺槐	乔木	豆科	刺槐属	*Robinia pseudoacacia* L.
5	旱柳	乔木	杨柳科	柳属	*Salix matsudana* Koidz.
6	海棠花	乔木	蔷薇科	苹果属	*Malus spectabilis* (Ait.) Borkh.
7	苹果	乔木	蔷薇科	苹果属	*Malus pumila* Mill.
8	桑	乔木	桑科	桑属	*Morus alba* L.

续表

序号	植物种类	分类	科	属	拉丁名称
9	山楂	乔木	蔷薇科	山楂属	*Crataegus pinnatifida* Brown
10	黑松	乔木	松科	松属	*Pinus thunbergii* Parl.
11	青甘杨	乔木	杨柳科	杨属	*Populus przewalskii* Maxim.
12	榆树	乔木	榆科	榆属	*Ulmus pumila* L.
13	枣	乔木	鼠李科	枣属	*Ziziphus jujuba* Mill.
14	小果白刺	灌木	蒺藜科	白刺属	*Nitraria sibirica* Pall.
15	枸杞	灌木	茄科	枸杞属	*Lycium chinense* Mill.
16	胡枝子	灌木	豆科	胡枝子属	*Lespedeza bicolor* Turcz.
17	罗布麻	灌木	夹竹桃科	罗布麻属	*Apocynum venetum* L.
18	扶芳藤	灌木	卫矛科	卫矛属	*Euonymus fortunei* (Turcz.) Hand.–Mazz.
19	沙棘	灌木	胡颓子科	沙棘属	*Hippophae rhamnoides* L.
20	紫穗槐	灌木	豆科	紫穗槐属	*Amorpha fruticosa* L.
21	小蓬草	草本	菊科	白酒草属	*Erigeron canadensis* L.
22	白茅	草本	乔本科	白茅属	*Imperata cylindrica* (L.) P. Beauv.
23	稗	草本	乔本科	稗属	*Echinochloa crus-galli* (L.) P. Beauv.
24	半夏	草本	天南星科	半夏属	*Pinellia ternata* (Thunb.) Breit.
25	补血草	草本	白花丹科	补血草属	*Limonium sinense* (Girard) Kuntze
26	苍耳	草本	菊科	苍耳属	*Xanthium strumarium* L.

续表

序号	植物种类	分类	科	属	拉丁名称
27	草木樨	草本	豆科	草木樨属	*Melilotus officinalis* (Linn.) Pall.
28	翅果菊	草本	菊科	莴苣属	*Lactuca indica* L.
29	野大豆	草本	豆科	大豆属	*Glycine soja* Siebold & Zucc.
30	大麻	草本	大麻科	大麻属	*Cannabis sativa* L.
31	地肤	草本	苋科	沙水藜属	*Bassia scoparia* (L.) A. J. Scott
32	灯芯草	草本	灯芯草科	灯芯草属	*Juncus effusus* L.
33	鹅绒藤	草本	夹竹桃科	鹅绒藤属	*Cynanchum chinense* R.Br.
34	假苇拂子茅	草本	禾本科	拂子茅属	*Calamagrostis pseudophragmites* (Haller f.) Koeler
35	附地菜	草本	紫草科	附地菜属	*Trigonotis peduncularis* (Trevis.) Benth. ex Baker & S. Moore
36	阿尔泰狗娃花	草本	菊科	紫菀属	*Aster altaicus* Willd.
37	狗尾草	草本	禾本科	狗尾草属	*Setaria viridis* (L.) P. Beauv.
38	狗牙根	草本	禾本科	狗牙根属	*Cynodon dactylon* (L.) Persoon
39	艾	草本	菊科	蒿属	*Artemisia argyi* H. Lév. & Vaniot
40	青蒿	草本	菊科	蒿属	*Artemisia caruifolia* Buch.-Ham. ex Roxb.
41	野艾蒿	草本	菊科	蒿属	*Artemisia lavandulifolia* DC.
42	茵陈蒿	草本	菊科	蒿属	*Artemisia capillaris* Thunb.
43	虎尾草	草本	禾本科	虎尾草属	*Chloris virgata* Sw.
44	蒙古黄芪	草本	豆科	黄芪属	*Astragalus membranaceus var. mongholicus* (Bunge) P. K. Hsiao

序号	植物种类	分类	科	属	拉丁名称
45	蒺藜	草本	蒺藜科	蒺藜属	*Tribulus terrestris* L.
46	刺儿菜	草本	菊科	蓟属	*Cirsium arvense* var. *integrifolium* Wimm. & Grab.
47	盐地碱蓬	草本	苋科	碱蓬属	*Suaeda salsa* (L.) Pall.
48	碱蓬	草本	苋科	碱蓬属	*Suaeda glauca* (Bunge) Bunge
49	苣荬菜	草本	菊科	苦苣菜属	*Sonchus wightianus* DC.
50	苦苣菜	草本	菊科	苦苣菜属	*Sonchus oleraceus* L.
51	灰绿藜	草本	苋科	市藜属	*Oxybasis glauca* (L.) S. Fuentes, Uotila & Borsch
52	藜	草本	苋科	藜属	*Chenopodium album* L.
53	鳢肠	草本	菊科	鳢肠属	*Eclipta prostrata* (L.)L.
54	萹蓄	草本	蓼科	萹蓄属	*Polygonum aviculare* L.
55	酸模叶蓼	草本	蓼科	蓼属	*Persicaria lapathifolia* (L.) Delarbre
56	芦苇	草本	禾本科	芦苇属	*Phragmites australis* (Cav.) Trin. ex Steud.
57	葎草	草本	大麻科	葎草属	*Humulus scandens* (Lour.) Merr.
58	马齿苋	草本	马齿苋科	马齿苋属	*Portulaca oleracea* L.
59	马唐	草本	禾本科	马唐属	*Digitaria sanguinalis* (L.) Scop.
60	曼陀罗	草本	茄科	曼陀罗属	*Datura stramonium* L.
61	节节草	草本	木贼科	木贼属	*Equisetum ramosissimum* Desf.
62	苜蓿	草本	豆科	苜蓿属	*Medicago Sativa* L.

续表

序号	植物种类	分类	科	属	拉丁名称
63	牵牛	草本	旋花科	番薯属	*Ipomoea nil* (L.) Roth
64	茜草	草本	茜草科	茜草属	*Rubia cordifolia* L.
65	碱蒿	草本	菊科	蒿属	*Artemisia anethifolia* Weber ex Stechm.
66	乳苣	草本	菊科	莴苣属	*Lactuca tatarica* (L.) C. A. Mey.
67	香附子	草本	莎草科	莎草属	*Cyperus rotundus* L.
68	牛筋草	草本	禾本科	䅟属	*Eleusine indica* (L.) Gaertn.
69	薹草	草本	莎草科	薹草属	*Carex* spp.
70	芙蓉葵	草本	锦葵科	木槿属	*Hibiscus moscheutos* L.
71	反枝苋	草本	苋科	苋属	*Amaranthus retroflexus* L.
72	苋	草本	苋科	苋属	*Amaranthus tricolor* L.
73	旋覆花	草本	菊科	旋覆花属	*Inula japonica* Thunb.
74	燕麦草	草本	禾本科	燕麦草属	*Arrhenatherum elatius* (L.) Presl
75	益母草	草本	唇形科	益母草属	*Leonurus japonicus* Houtt.
76	糙隐子草	草本	禾本科	隐子草属	*Cleistogenes squarrosa* (Trin.) Keng
77	二色补血草	草本	白花丹科	补血草属	*Limonium bicolor* (Bunge) Kuntze

二是湿地植物种类数量及优势种变化特征。

海兴湿地共调查 10 个样方，每个样方物种数在 3~15 种之间（如图 5-3 所示）。HX2 样方，人类工程活动较严重，导致样方中物种数量较少；HX8

样方位于核心区的东南侧，周围草本植物生长很旺盛，植物种类较多。调查共发现植物37种，其中乔木6种，为榆树、刺槐、白蜡树、青甘杨、枣、柳树，但柳树存活率不高，大部分已经死亡；灌木3种，为枸杞、罗布麻、小果白刺，主要分布在HX4和HX7样方中；草本28种，优势种（$Y>0.02$）为芦苇、碱蓬、盐地碱蓬。

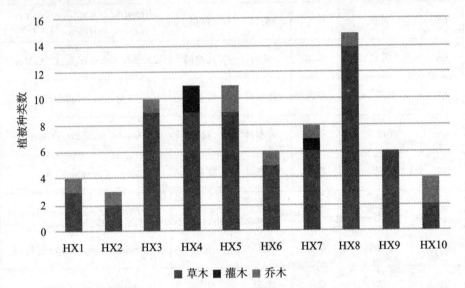

图 5-3　海兴湿地植物种类数量变化

南大港湿地共调查12个样方，每个样方物种数在3~8种之间（如图5-4所示），NDG7样方中乔木树种较多。调查共发现植物23种，其中乔木4种，为榆树、刺槐、臭椿、桑，臭椿和桑仅分布在NDG7样方中，其他样方分布着榆树和刺槐；草本19种，优势种（$Y>0.02$）为芦苇、碱蓬、狗尾草。

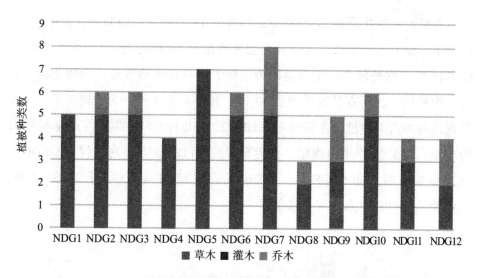

图 5-4 南大港湿地植物种类数量变化

黄骅湿地共设置9个样方，调查了8个样方，HH8样方因为被水淹没了，没有调查植被，其他样方物种数在 2~7 种之间（如图 5-5 所示）。HH6 样方，周边为海水养殖池塘，水土盐碱化较高，植物种类较少；HH9 样方，为新修复的，周边植物种类较少。调查共发现植物 12 种，其中乔木 2 种，为榆树和柽柳，仅分布在 HH4 样方中；草本 10 种，优势种（$Y>0.02$）为芦苇、盐地碱蓬、碱蓬。

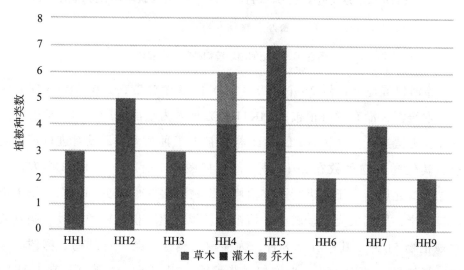

图 5-5 黄骅湿地植物种类数量变化

曹妃甸湿地共设置 12 个样方，调查了 11 个样方，CFD5 样方因为被水淹没了，没有调查植被，其他样方物种数在 5~16 种之间（如图 5-6 所示），CFD11 样方物种较少，主要是因为该样方距离卤水池较近，盐渍化程度较高，物种较少。调查共发现植物 33 种，其中乔木 3 种，为榆树、苹果、海棠花，均为人工种植，主要分布在 CFD2、CFD3、CFD9 样方内；灌木 3 种，为小果白刺、扶芳藤和枸杞，扶芳藤仅在 CFD3 样方，枸杞仅在 CFD6 样方，小果白刺分布在 CFD4、CFD6、CFD9 和 CFD10 样方；草本 27 种，优势种（$Y>0.02$）为芦苇、碱蓬。

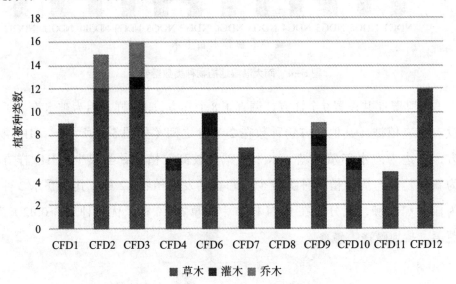

图 5-6 曹妃甸湿地植物种类数量变化

滦河口湿地共设置 26 个样方，调查了 23 个样方，其中 LHK5 样方因为被水淹没，没有调查植被；LHK11 样方被人为喷洒农药，周边植被已经枯萎，无法进行植被调查；LHK18 样方被人工种植大豆，没有进行植被调查。其他样方物种数在 2~14 种之间（如图 5-7 所示）。LHK2 样方，位于滦河口北岸，由于刚进行了整治修复，植物多样性较少；LHK26 位于滦河口南岸，周围人类活动较少，植被生长很旺盛，植物种类较多。调查共发现植物 51 种，其中乔木 8 种，为榆树、刺槐、桑、青甘杨、柳树、旱柳、怪柳等；灌木 3 种，为枸杞、紫穗槐、胡枝子，主要分布在 LHK8、

LHK22、LHK24 和 LHK26；草本 40 种，优势种（$Y>0.02$）为白茅、芦苇、盐地碱蓬。

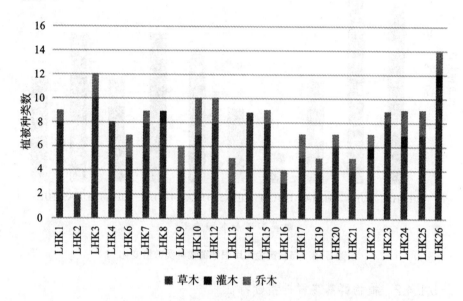

图 5-7 滦河口湿地植物种类数量变化

昌黎黄金海岸湿地共调查 10 个样方，每个样方物种数在 2~13 种之间（如图 5-8 所示），HJHA4 样方物种数量最少，该样方在涨大潮时会被淹没，导致物种数量较少。调查共发现植物 37 种，其中乔木 6 种，为黑松、榆树、柽柳、刺槐、白树和山楂，白蜡树、刺槐和山楂为人工种植；灌木 2 种，为紫穗槐等，主要分布在 HJHA6、HJHA8 和 HJHA9 样方中，均为人工种植；草本 29 种，优势种（$Y>0.02$）为盐地碱蓬、地肤、狗尾草。

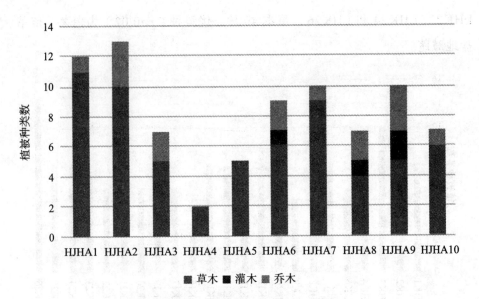

图 5-8　昌黎黄金海岸湿地植物种类数量变化

5.1.4.2　植物群落多样性指数特征

一是香农－维纳多样性指数。

海兴湿地植被香农－维纳多样性指数在 0.211~1.365 之间（如图 5-9 所示），植物多样性中等。最大值出现在 HX3 样方中，该样方中植物种类较多，主要为芦苇、狗牙根、阿尔泰狗娃花、青蒿等，不同植被的数量比较均匀，在 32~51 株之间；最小值出现在 HX5 样方中，该样方中植物种类数较少，主要为芦苇、狗尾草、稗等，不同植被的数量差别较大，样方中芦苇是主要优势种，为 195 株，其他植被数量较少，分别为 5 株、4 株。

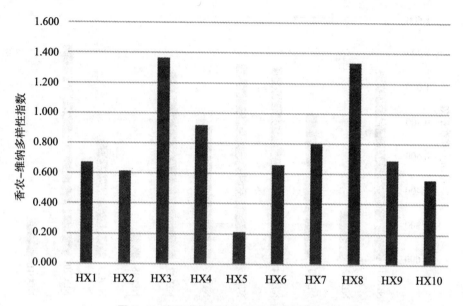

图5-9 海兴湿地香农-维纳多样性指数变化

　　南大港湿地植被香农-维纳多样性指数在0.136~1.255之间（如图5-10所示），植物多样性较好。最大值出现在NDG10样方中，该样方中植物种类较多，主要为芦苇、白茅、茜草、狗尾草、苣荬菜等，主要优势种的植被数量比较均匀，在36~45株之间；最小值出现在NDG8样方中，该样方中植物种类数较少，主要为芦苇、苣荬菜等，不同植被的数量差别较大，样方中芦苇是主要优势种，为96株，其他植被数量较少，仅为3株。

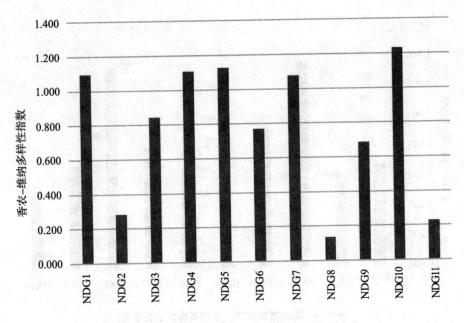

图5-10 南大港湿地香农－维纳多样性指数变化

黄骅湿地植被香农－维纳多样性指数在 0.150~0.840 之间（如图 5-11 所示），植物多样性较差。最大值出现在 HH5 样方中，该样方中植物种类较多，主要为芦苇、白茅、苣荬菜、刺儿菜、青蒿等，主要优势种的植被数量在 54~164 株之间；最小值出现在 HH4 样方中，该样方中植物种类较少，主要为芦苇、狗牙根等，不同植被的数量差别较大，样方中芦苇是主要优势种，为 140 株，其他植被数量较少，仅为 5 株。

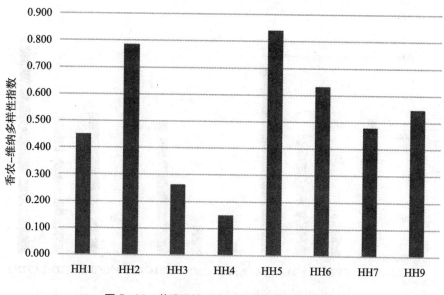

图 5-11　黄骅湿地香农－维纳多样性指数变化

　　曹妃甸湿地植被香农－维纳多样性指数在 0.133~1.033 之间（如图 5-12 所示），植物多样性较差。最大值出现在 CFD12 样方中，该样方中植物种类较多，主要为芦苇、地肤、稗、碱蓬、葎草等，主要优势种的植被数量在 16~83 株之间；最小值出现在 CFD6 样方中，该样方中植物种类数较少，主要为芦苇、碱蓬等，不同植被的数量差别较大，样方中芦苇是主要优势种，为 237 株，其他植被数量较少，仅为 3 株。

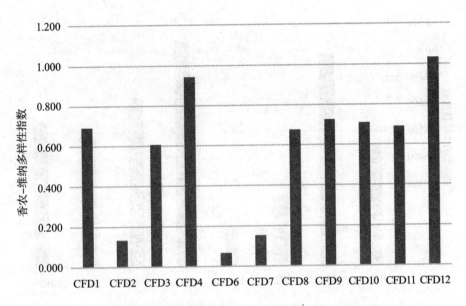

图 5-12　曹妃甸湿地香农－维纳多样性指数变化

　　滦河口湿地植被香农－维纳多样性指数在 0.095~1.365 之间（如图 5-13 所示），植物多样性较好。最大值出现在 LHK3 样方中，该样方中植物种类较多，主要为地肤、狗尾草、稗、葎草、藜等，主要优势种的植被数量在 2~8 株之间；最小值出现在 LHK7 样方中，该样方中植物种类数较少，主要为艾、鹅绒藤等，不同植被的数量差别较大，样方中艾是主要优势种，为 51 株，其他植被数量较少，仅为 1 株。

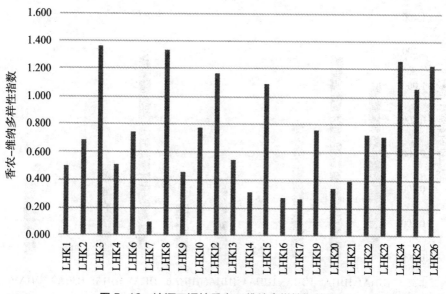

图 5-13 滦河口湿地香农－维纳多样性指数变化

昌黎黄金海岸湿地植被香农－维纳多样性指数在 0.057~1.196 之间（如图 5-14 所示），植物多样性中等。最大值出现在 HJHA7 样方中，该样方中植物种类较多，主要为狗尾草、地肤、萹蓄、苣荬菜、盐地碱蓬、青蒿等，主要优势种的植被数量在 38~99 株之间；最小值出现在 HJHA9 样方中，该样方中植物种类数较少，主要为盐地碱蓬、狗尾草等，不同植被的数量差别较大，样方中盐地碱蓬占主要优势种，为 960 株，其他植被数量较少，仅为 10 株。

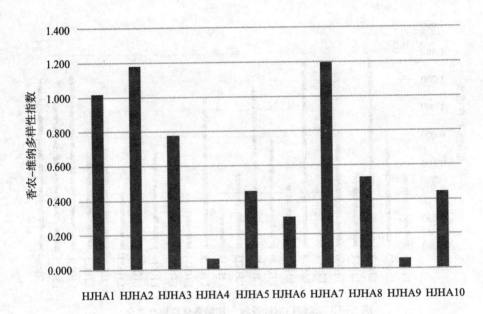

图 5-14　昌黎黄金海岸湿地香农－维纳多样性指数变化

二是辛普森多样性指数。

海兴湿地植被辛普森多样性指数在 0.085~0.739 之间（如图 5-15 所示），植物多样性中等。最大值出现在 HX3 样方中，该样方中植物种类较多，不同植被的数量比较均匀；最小值出现在 HX5 样方中，该样方中植物种类数较少，不同植被的数量差别较大。

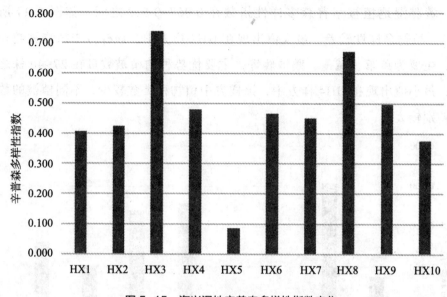

图 5-15　海兴湿地辛普森多样性指数变化

南大港湿地植被辛普森多样性指数在 0.059~0.649 之间（如图 5-16 所示），植物多样性较好。最大值出现在 NDG10 样方中，该样方中植物种类较多，主要优势种的植被数量比较均匀；最小值出现在 NDG8 样方中，该样方中植物种类数较少，且不同植被的数量差别较大。

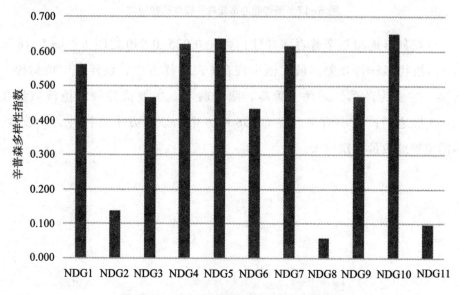

图 5-16　南大港湿地辛普森多样性指数变化

　　黄骅湿地植被辛普森多样性指数在 0.067~0.510 之间（如图 5-17 所示），植物多样性较差。最大值出现在 HH2 样方中，该样方中植物种类较多，主要为芦苇、碱蓬、鹅绒藤等，主要优势种的植被数量在 27~40 株之间；最小值出现在 HH4 样方中，该样方中植物种类数较少，不同植被的数量差别较大。

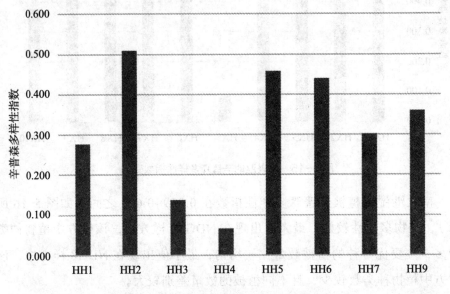

图 5-17　黄骅湿地辛普森多样性指数变化

　　曹妃甸湿地植被辛普森多样性指数在 0.025~0.540 之间（如图 5-18 所示），植物多样性较差。最大值出现在 CFD4 样方中，该样方中植物种类较多，主要为芦苇、碱蓬、青蒿、鹅绒藤等，主要优势种的植被数量在 43~87 株之间；最小值出现在 CFD6 样方中，该样方中植物种类数较少，不同植被的数量差别较大。

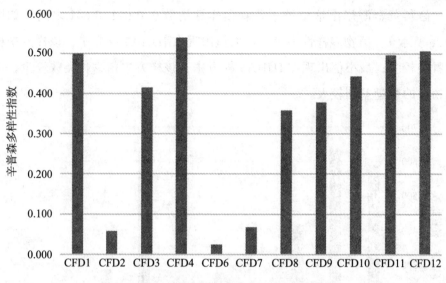

图 5-18 曹妃甸湿地辛普森多样性指数变化

滦河口湿地植被辛普森多样性指数在 0.038~0.720 之间（如图 5-19 所示），植物多样性较好。最大值出现在 LHK8 样方中，该样方中植物种类较多，主要为白茅、胡枝子、青蒿、藜等，主要优势种的植被数量在 21~39 株之间；最小值出现在 LHK7 样方中，该样方中植物种类数较少，不同植被的数量差别较大。

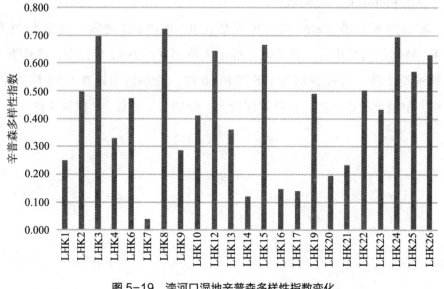

图 5-19 滦河口湿地辛普森多样性指数变化

　　昌黎黄金海岸湿地植被辛普森多样性指数在 0.011~0.641 之间（如图 5-20 所示），植物多样性中等。最大值出现在 HJHA7 样方中，该样方中植物种类较多；最小值出现在 HJHA9 样方中，该样方中植物种类数较少，不同植被的数量差别较大。

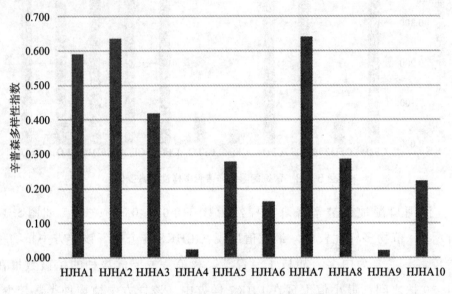

图 5-20　昌黎黄金海岸湿地辛普森多样性指数变化

　　三是 Pielou 均匀度指数。

　　海兴湿地植被 Pielou 均匀度指数在 0.108~0.887 之间（如图 5-21 所示），植物均匀性中等。植物均匀性最大值出现在 HX2 样方中，该样方中植被种类 2 种，数量分别为 195 株和 60 株；最小值出现在 HX5 样方中，该样方中植被种类 3 种，数量差别较大，分别为 195 株、5 株和 4 株。

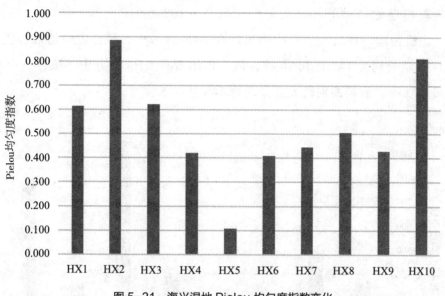

图 5-21 海兴湿地 Pielou 均匀度指数变化

南大港湿地植被 Pielou 均匀度指数在 0.175~0.799 之间（如图 5-22 所示），植物均匀性较好。最大值出现在 NDG4 样方中，该样方中植被种类 4 种，优势种数量较均匀，在 89~116 株之间；最小值出现在 NDG2 样方中，该样方中植被种类 4 种，数量差别较大，分别为 742 株、57 株、2 株、1 株。

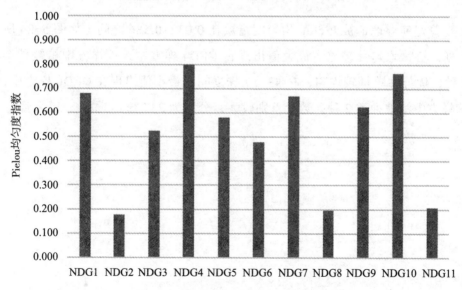

图 5-22 南大港湿地 Pielou 均匀度指数变化

黄骅湿地植被 Pielou 均匀度指数在 0.108~0.910 之间（如图 5-23 所示），植物均匀性较差。最大值出现在 HH6 样方中，该样方中植被种类 2 种，数量分别为 145 株和 70 株；最小值出现在 HH4 样方中，该样方中植被种类 2 种，数量差别较大，分别为 140 株和 5 株。

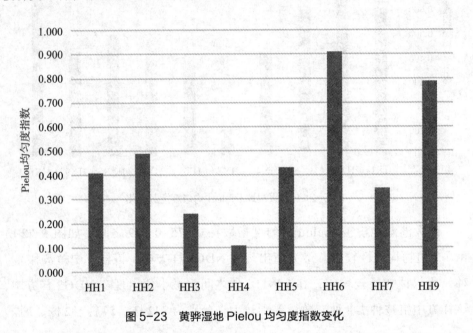

图 5-23　黄骅湿地 Pielou 均匀度指数变化

曹妃甸湿地植被 Pielou 均匀度指数在 0.032~0.586 之间（如图 5-24 所示），植物均匀性较差。最大值出现在 CFD4 样方中，该样方中植被种类 4 种，优势种数量较均匀，在 43~87 株之间；最小值出现在 CFD6 样方中，该样方中植被种类 2 种，数量差别较大，分别为 237 株、3 株。

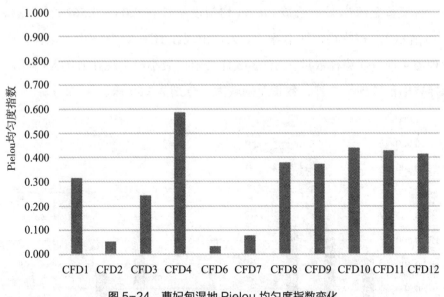

图 5-24　曹妃甸湿地 Pielou 均匀度指数变化

滦河口湿地植被 Pielou 均匀度指数在 0.046~0.996 之间（如图 5-25 所示），植物均匀性较好。最大值出现在 LHK2 样方中，该样方中植被种类 2 种，数量较均匀，在 107~124 株之间；最小值出现在 LHK7 样方中，该样方中植被种类 2 种，数量差别较大，分别为 51 株、1 株。

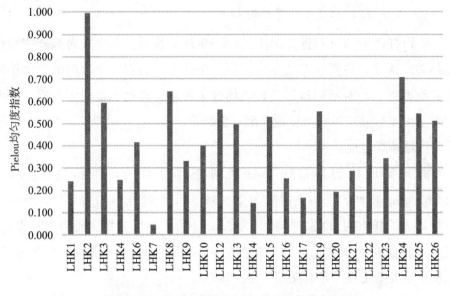

图 5-25　滦河口湿地 Pielou 均匀度指数变化

昌黎黄金海岸湿地植被 Pielou 均匀度指数在 0.041~0.562 之间（如图 5-26 所示），植物均匀性中等。最大值出现在 HJHA3 样方中，该样方中植被种类 4 种，优势种数量在 85~355 株之间；最小值出现在 HJHA9 样方中，该样方中植被种类 2 种，数量差别较大，分别为 960 株、10 株。

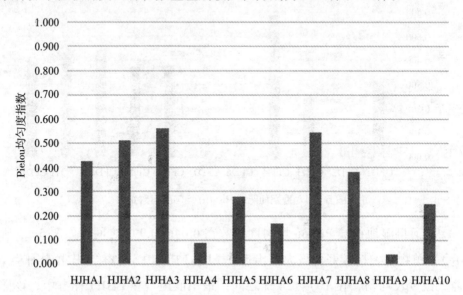

图 5-26　昌黎黄金海岸湿地 Pielou 均匀度指数变化

5.1.4.3　植物群落生物量指数特征

植物群落生物量调查在 2021 年 8—9 月份开展，在样方内调查完植株的种类、株数、高度、盖度等指标后，用镰刀或剪刀将样方内的全部植物对齐地面剪下并对不同植物进行现场分类称重，将植被带回实验室，70℃ 烘干至恒重后测定不同植物地上部分生物量。

一是海兴湿地。

海兴湿地植物群落生物量共调查 10 个样方，生物量在 94.67~554.62 g/m² 之间，平均生物量为 255.35 g/m²（如图 5-27 所示）。其中生物量最多的样方为 HX3，生物量为 554.62 g/m²，生物量主要集中在青蒿、阿尔泰狗娃花等植物；生物量最少的样方为 HX5，生物量为 94.67 g/m²，生物量主要集中在芦苇、艾等。

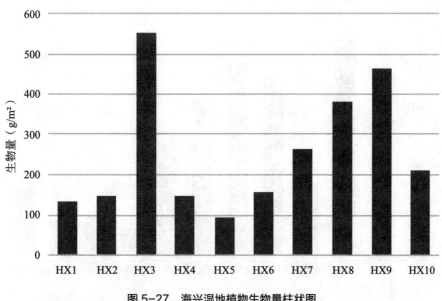

图 5-27　海兴湿地植物生物量柱状图

二是南大港湿地。

南大港湿地植物群落生物量共调查 11 个样方,生物量在 88.99~
724.51 g/m² 之间,平均生物量为 375.01 g/m²(如图 5-28 所示)。其中生
物量最多的样方为 NDG2,生物量为 724.51 g/m²,生物量主要集中在芦苇、
碱蓬等;生物量最少的样方为 NDG8,生物量为 88.99 g/m²,生物量主要
集中在芦苇、苣荬菜等。

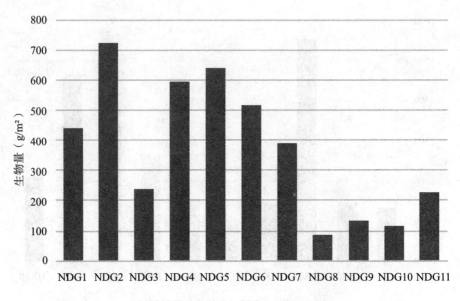

图 5-28 南大港湿地植物生物量柱状图

三是黄骅湿地。

黄骅湿地植物群落生物量共调查 8 个样方，生物量在 84.15~1275.48 g/m² 之间，平均生物量为 440.83 g/m²（如图 5-29 所示）。其中生物量最多的样方为 HH3，生物量为 1275.48 g/m²，生物量主要集中在芦苇、碱蓬等；生物量最少的样方为 HH9，生物量为 84.15 g/m²，生物量主要集中在芦苇、盐地碱蓬等。

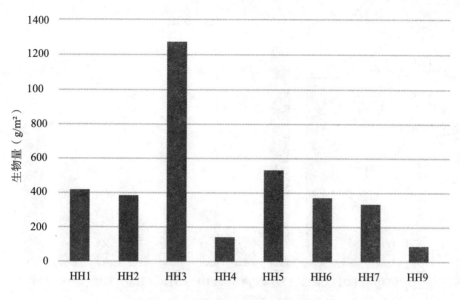

图 5-29 黄骅湿地植物生物量柱状图

四是曹妃甸湿地。

曹妃甸湿地植物群落生物量共调查 11 个样方，生物量在 178.60~1277.05 g/m² 之间，平均生物量为 534.31 g/m²（如图 5-30 所示）。其中生物量最多的样方为 CFD4，生物量为 1277.05 g/m²，主要植物群落为芦苇、碱蓬等；生物量最少的样方为 CFD6，生物量为 178.60 g/m²，生物量主要集中在芦苇等。

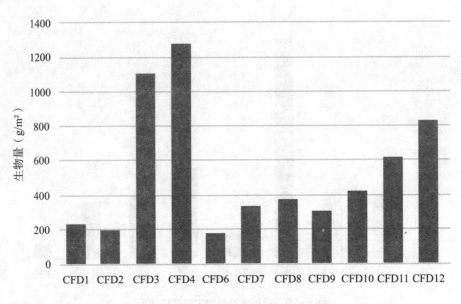

图 5-30　曹妃甸湿地植物生物量柱状图

五是滦河口湿地。

滦河口湿地植物群落生物量共调查 23 个样方，生物量在 72.36~999.35 g/m² 之间，平均生物量为 314.40 g/m²（如图 5-31 所示）。其中生物量最多的样方为 LHK12，生物量为 999.35 g/m²，生物量主要集中在青蒿、马唐、节节草等；生物量最少的样方为 LHK10，生物量为 72.36 g/m²，生物量主要集中在芦苇、假苇拂子茅等。

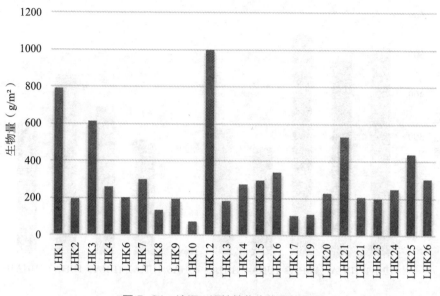

图 5-31　滦河口湿地植物生物量柱状图

　　六是昌黎黄金海岸湿地。

　　昌黎黄金海岸湿地植物群落生物量共调查 10 个样方，生物量在 13.08~549.80 g/m² 之间，平均生物量为 357.84 g/m²（如图 5-32 所示）。其中生物量最多的样方为 HJHA3，生物量为 549.80 g/m²，生物量主要集中在地肤、狗尾草、碱蓬等；生物量最少的样方为 HJHA6，生物量为 13.08 g/m²，主要植物群落为芦苇、香附子等。

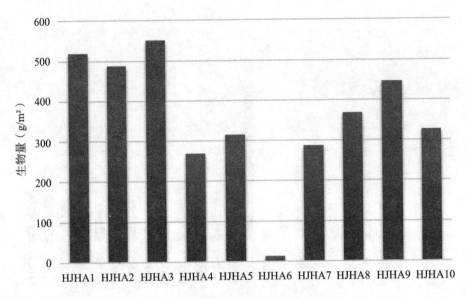

图 5-32　黄金海岸湿地植物生物量柱状图

根据调查显示，河北省滨海六个湿地生物量，曹妃甸湿地平均生物量最大，为 534.31 g/m²；其后依次为黄骅湿地，平均生物量为 440.83 g/m²；南大港湿地，平均生物量为 375.01 g/m²；昌黎黄金海岸湿地，平均生物量为 357.84 g/m²；滦河口湿地，平均生物量为 314.40 g/m²，海兴湿地平均生物量最小，为 255.35 g/m²。

5.1.5　相关性分析

根据前期调查的植物群落特征（Margakf's 丰富度指数、香农－维纳多样性指数、辛普森多样性指数、Pielou 均匀度指数、生物量等），结合水、土测试结果（水样测试指标：盐度、pH 值、硝酸盐含量、亚硝酸盐含量；土样测试指标：土壤含盐量、pH 值、速效磷、速效氮、速效钾、有机质、有机碳等），运用 SPSS 分析软件进行多因子相关性分析。各影响因素以生物量的相关性为主，参考其他植物群落特征指数，分析各湿地植物群落稳定性的影响因素，综合其他资料和现场调查，给出导致植被退化的主要影响因素。

5.1.5.1 海兴湿地

通过相关性分析，与海兴湿地植物群落高度相关的因素依次是土壤含盐量、水含盐量。调查区域植被受水和土壤含盐量的影响较大，综合其他各方面因素，分析认为海兴湿地核心区受人为因素的影响较大，但受养殖业的影响较小，同时土壤速效营养元素保持能力较好。

5.1.5.2 南大港湿地

通过相关性分析，与南大港湿地植物群落高度相关的因素依次是硝酸盐含量、土壤含盐量和速效钾。由于调查区域受土壤含盐量的影响大，而受水的含盐量影响较小，并受硝酸盐含量的影响较大，综合其他各方面因素，分析认为南大港湿地受人为因素的影响较小，但受养殖业的影响较大。

5.1.5.3 黄骅湿地

通过相关性分析，与黄骅湿地植物群落高度相关的因素依次是硝酸盐含量、速效磷、速效钾、土壤含盐量和水含盐量。由于调查区域受土壤含盐量和环境水含盐量的影响均较大，同时受硝酸盐含量的影响较大，综合其他各方面因素，分析认为黄骅湿地受到较大的人为影响，并且受养殖业的影响较大。

5.1.5.4 曹妃甸湿地

通过相关性分析，与曹妃甸湿地植物群落高度相关的因素依次是硝酸盐含量、水含盐量和土壤速效钾。由于调查区域受硝酸盐含量的影响较大，受环境水含盐量的影响大，土壤含盐量的影响小，综合其他各方面因素，分析认为曹妃甸湿地受人为影响严重，包括人为正向、负向引导，并且受养殖业的影响较大。

5.1.5.5 滦河口湿地

相关性分析显示，各测试因素均未与滦河口湿地植物群落产生高度相关性，相关性较大的是土壤速效营养含量，综合其他各方面因素，分析认为滦河口湿地植被主要受土壤保水保肥能力影响。

5.1.5.6 昌黎黄金海岸湿地

通过相关性分析，与昌黎黄金海岸湿地植物群落高度相关的因素依次是水含盐量、硝酸盐含量、土壤含盐量和土壤有机质。调查区域受水含盐量和土壤含盐量的影响较大，并且受硝酸盐含量和土壤有机质的影响较大，综合其他各方面因素，分析认为昌黎黄金海岸湿地受人为因素的影响较大，受养殖业的影响较大，土壤速效营养保持能力较差。

5.2　海草床环境特征

本项目在调查年（2022 年），于 6—9 月对河北省海草床鳗草生物学特征、水环境要素特征、底质环境要素特征等开展调查和取样工作，运用 SPSS 分析软件进行单因子和多因子相关性分析生态环境对海草床的影响，综合其他资料和现场调查数据，分析得出海草床生长的主要胁迫。

5.2.1　取样站位布设

根据资料收集和前期踏勘结果，本项目共布设调查站位 21 个，其中海草区布设 12 个站位，裸沙区布设 9 个站位开展调查和取样工作，现场调查照片见图 5-33。

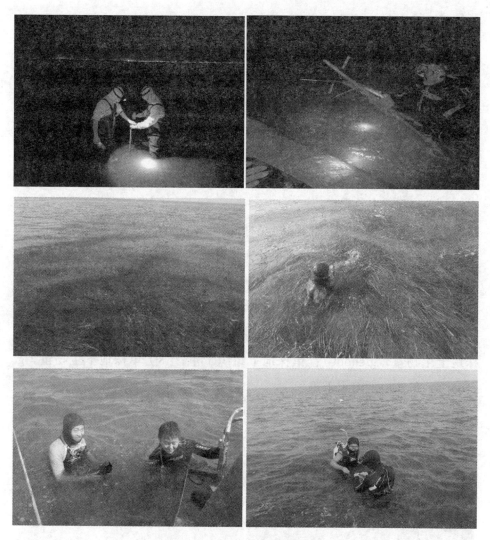

图 5-33 海草床现场调查照片

5.2.2 海草床生物学特征

5.2.2.1 调查方法

本次调查在海草床区内共布设 12 个站位，每个站位采用 25 cm×25 cm 的样方框，对样方范围内海草的种类、密度及生物量进行取样，每个站位采集 3 个平行样方，分别在 6 月、7 月、8 月、9 月进行调查取样工作，共计采集海草床生态特征及生物量测试样品 48 件。调查分析方法按《海草床生态监测技术规程》（HY/T 083-2005）进行，将样方框内所有海草叶片、茎及根收入样品袋内，低温保存带回实验室进行分析。

首先通过外部形态观察鉴定海草种类；随后统计各样方植株数量，计算茎枝密度；然后在每个站位随机选取15株完整植株，将其表面附着物与根部泥沙冲洗干净，进行形态学测量，包括株高、叶长、叶宽和节间直径等，其中株高、叶长、叶宽使用直尺测量，节间直径使用游标卡尺测量；最后，将样方内的全部海草植株分为地上组织和地下组织，于60℃恒温烘干至恒重，测定生物量。

测量标准和计算方法如下：（1）株高（cm）：自分生组织至最长叶片顶端的高度；（2）叶面积（cm²）：单株海草叶片的总面积；（3）叶片数（cm）：单株海草植株叶片数（片）；（4）叶长（cm）：叶片的长度；（5）平均节间长（cm）：单株海草植株前面六个根茎节间长度的平均值；（6）平均节间直径（mm）：单株海草植株前面六个根茎节间直径的平均值。（7）单株地上生物量（g/shoot）：单株地上组织干重；（8）单株地下生物量（g/shoot）：单株地下组织干重。

5.2.2.2　海草床生物学特征调查结果

本次调查通过现场潜水观察与植株形态学观察法对调查区域的海草进行了种类鉴定，结果表明曹妃甸海域主要优势种为鳗草（即大叶藻 *Zostera marina* L.L）（图5-34）。

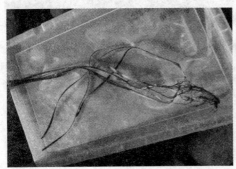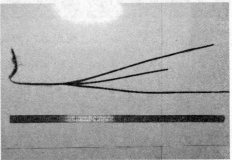

图5-34　鳗草形态学特征

一是海草床植株密度特征。

本次调查结果显示，6、7、8、9月份海草床植株密度波动较大，总体8月份植株密度最高。第1站位6月份植株密度最高，为378.66±60.57 shoot/m²，9月份植株密度最低，为256.00±36.66 shoot/m²；第2站位8月份植株密度最高，为394.66±92.37 shoot/m²，6月份植株密度最低，为298.66±33.30 shoot/m²；第3站位8月份植株密度最高，为304.00±126.91 shoot/m²，6月份植株密度最低，为208.00±55.42 shoot/m²；第4站位8月份植株密度最高，为293.33±117.91 shoot/m²，7月份植株密度最低，为149.33±9.23 shoot/m²；第5站位8月份植株密度最高，为368.00±69.74 shoot/m²，7月份植株密度最低，为208.00±32.00 shoot/m²；第6站位7月份植株密度最高，为202.66±64.66 shoot/m²，8月份植株密度最低，为149.33±48.88 shoot/m²；第7站位8月份植株密度最高，为213.33±48.88 shoot/m²，9月份植株密度最低，为192.00±42.33 shoot/m²；第8站位7月份植株密度最高，为298.66±33.30 shoot/m²，9月份植株密度最低，为202.66±23.09 shoot/m²；第9站位8月份植株密度最高，为490.66±72.57 shoot/m²，7月份植株密度最低，为165.33±66.61 shoot/m²；第10站位8月份植株密度最高，为373.33±24.44 shoot/m²，7月份植株密度最低，为176.00±27.71 shoot/m²；第11站位8月份植株密度最高，为298.66±24.44 shoot/m²，7月份植株密度最低，为144.00±16.00 shoot/m²；第12站位8月份植株密度最高，为336.00±16.00 shoot/m²，7月份植株密度最低，为224.00±16.00 shoot/m²（图5-35）。

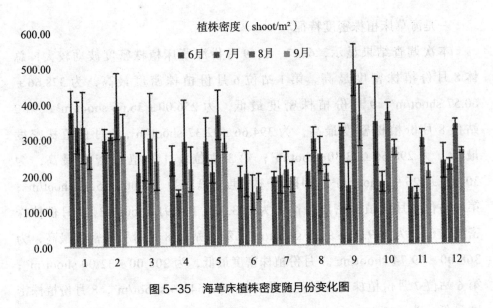

图5-35　海草床植株密度随月份变化图

不同月份，各站位海草床植株密度波动明显（图5-36）。从第1站位到第12站位：6月份有3个波谷2个波峰，波谷出现在第3、6、7、11站位，波峰出现在第5、10站位；7月份有4个波谷3个波峰，波谷出现在第4、7、9、11站位，波峰出现在第5、8、10站位；8月份有3个波谷3个波峰，波谷出现在第4、6、11站位，波峰出现在第2、5、9站位；9月份有3个波谷3个波峰，波谷出现在第4、6、11站位，波峰出现在第2、5、9站位。

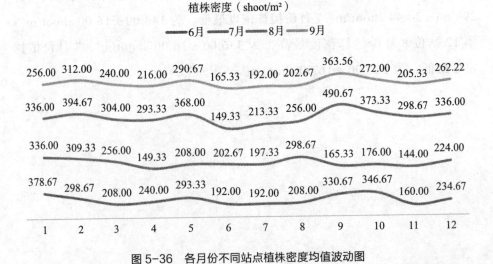

图5-36　各月份不同站点植株密度均值波动图

二是海草床地上生物量特征。

调查结果显示，6、7、8、9月份海草床单位面积地上生物量波动较大，总体8月份单位面积地上生物量最高。第1站位8月份地上生物量最高，为 399.57 ± 80.24 g DW/m²，9月份地上生物量最低，为 228.89 ± 43.80 g DW/m²；第2站位8月份地上生物量最高，为 622.72 ± 252.23 g DW/m²，7月份地上生物量最低，为 210.05 ± 20.37 g DW/m²；第3站位8月份地上生物量最高，为 328.53 ± 176.33 g DW/m²，9月份地上生物量最低，为 184.06 ± 84.88 g DW/m²；第4站位8月份地上生物量最高，为 384.42 ± 131.45 g DW/m²，7月份地上生物量最低，为 123.16 ± 17.94 g DW/m²；第5站位8月份地上生物量最高，为 554.48 ± 111.33 g DW/m²，9月份地上生物量最低，为 298.99 ± 48.85 g DW/m²；第6站位6月份地上生物量最高，为 317.54 ± 39.23 g DW/m²，9月份地上生物量最低，为 103.73 ± 47.93 g DW/m²；第7站位7月份地上生物量最高，为 256.32 ± 49.37 g DW/m²，9月份地上生物量最低，为 99.46 ± 12.63 g DW/m²；第8站位6月份地上生物量最高，为 328.42 ± 69.50 g DW/m²，9月份地上生物量最低，为 149.92 ± 50.27 g DW/m²；第9站位8月份地上生物量最高，为 572.53 ± 94.21g DW/m²，7月份地上生物量最低，为 190.51 ± 57.97 g DW/m²；第10站位6月份地上生物量最高，为 561.22 ± 186.16 g DW/m²，7月份地上生物量最低，为 215.89 ± 16.33 g DW/m²；第11站位8月份地上生物量最高，为 401.70 ± 83.33 g DW/m²，7月份地上生物量最低，为 164.95 ± 45.36 g DW/m²；第12站位8月份地上生物量最高，为 455.11 ± 49.10 g DW/m²，7月份地上生物量最低，为 159.13 ± 47.59 g DW/m²（图5-37）。

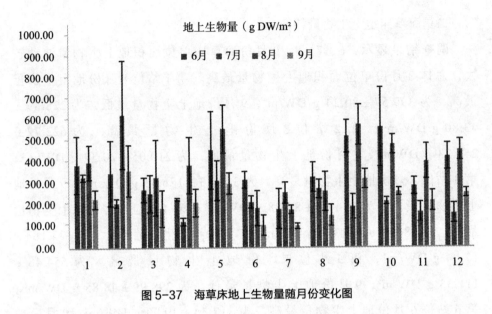

图 5-37　海草床地上生物量随月份变化图

不同月份，各站位海草床地上生物量波动明显（图 5-38）。从第 1 站位到第 12 站位：6 月份有 3 个波谷 2 个波峰，波谷出现在第 4、7、11 站位，波峰出现在第 5、10 站位；7 月份有 4 个波谷 4 个波峰，波谷出现在第 2、4、6、9 站位，波峰出现在第 3、5、8、10 站位；8 月份有 3 个波谷 3 个波峰，波谷出现在第 3、7、11 站位，波峰出现在第 2、5、9 站位；9 月份有 3 个波谷 3 个波峰，波谷出现在第 3、7、11 站位，波峰出现在第 2、5、9 站位。

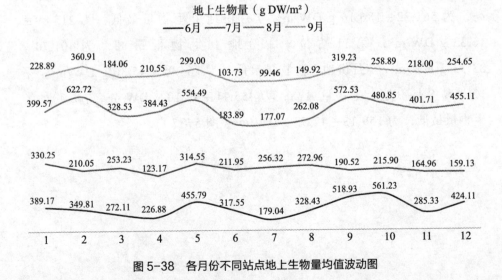

图 5-38　各月份不同站点地上生物量均值波动图

三是海草床地下生物量特征。

调查结果显示，6、7、8、9月份海草床单位面积地下生物量波动较大，总体8月份单位面积地下生物量最高。第1站位7月份地下生物量最高，为191.24 ± 11.14 g DW/m²，9月份地下生物量最低，为93.52 ± 20.24 g DW/m²；第2站位8月份地下生物量最高，为212.69 ± 39.32 g DW/m²，6月份地下生物量最低，为127.89 ± 35.78 g DW/m²；第3站位7月份地下生物量最高，为145.39 ± 60.83 g DW/m²，6月份地下生物量最低，为85.92 ± 35.61 g DW/m²；第4站位8月份地下生物量最高，为177.28 ± 45.35 g DW/m²，7月份地下生物量最低，为64.97 ± 7.49 g DW/m²；第5站位6月份地下生物量最高，为240.26 ± 18.01 g DW/m²，9月份地下生物量最低，为105.57 ± 28.15 g DW/m²；第6站位7月份地下生物量最高，为113.44 ± 44.30 g DW/m²，9月份地下生物量最低，为69.03 ± 18.69 g DW/m²；第7站位7月份地下生物量最高，为118.47 ± 26.33 g DW/m²，6月份地下生物量最低，为49.28 ± 28.60 g DW/m²；第8站位8月份地下生物量最高，为190.50 ± 31.24 g DW/m²，6月份地下生物量最低，为46.88 ± 15.77 g DW/m²；第9站位8月份地下生物量最高，为151.73 ± 51.06 g DW/m²，7月份地下生物量最低，为93.13 ± 21.17 g DW/m²；第10站位6月份地下生物量最高，为130.45 ± 36.37 g DW/m²，9月份地下生物量最低，为72.33 ± 17.76 g DW/m²；第11站位6月份地下生物量最高，为87.41 ± 46.42 g DW/m²，9月份地下生物量最低，为49.97 ± 11.52 g DW/m²；第12站位6月份地下生物量最高，为170.98 ± 16.20 g DW/m²，9月份地下生物量最低，为61.66 ± 9.17 g DW/m²（图5-39）。

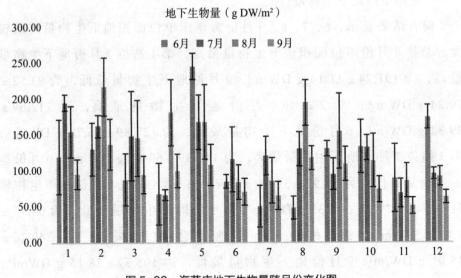

地下生物量（g DW/m²）

图 5-39　海草床地下生物量随月份变化图

不同月份，各站位海草床地下生物量呈现明显波动（图 5-40）。从第 1 站位到第 12 站位：6 月份有 3 个波谷 3 个波峰，波谷出现在第 4、8、11 站位，波峰出现在第 2、5、10 站位；7 月份有 4 个波谷 3 个波峰，波谷出现在第 4、6、9、11 站位，波峰出现在第 5、8、10 站位；8 月份有 3 个波谷 3 个波峰，波谷出现在第 3、6、11 站位，波峰出现在第 2、4、8 站位；9 月份有 3 个波谷 3 个波峰，波谷出现在第 3、7、11 站位，波峰出现在第 2、5、8 站位。

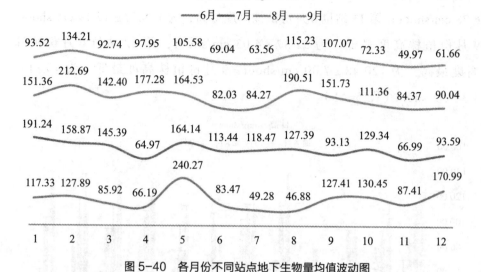

地下生物量（g DW/m²）

—— 6月 —— 7月 —— 8月 —— 9月

图5-40　各月份不同站点地下生物量均值波动图

四是海草床植株高度特征。

调查结果显示，6、7、8、9月份海草床植株高度波动较大，总体6月份植株高度最高。第1站位7月份植株高度最高，为87.56±3.12 cm/shoot，9月份植株高度最低，为58.23±4.68 cm/shoot；第2站位6月份植株高度最高，为97.43±8.95 cm/shoot，9月份植株高度最低，为53.85±3.06 cm/shoot；第3站位7月份植株高度最高，为84.13±0.71 cm/shoot，9月份植株高度最低，为43.06±1.77 cm/shoot；第4站位7月份植株高度最高，为71.22±0.35 cm/shoot，9月份植株高度最低，为36.47±6.40 cm/shoot；第5站位6月份植株高度最高，为118.14±9.13 cm/shoot，9月份植株高度最低，为51.58±4.54 cm/shoot；第6站位6月份植株高度最高，为101.39±6.58 cm/shoot，9月份植株高度最低，为58.35±5.71 cm/shoot；第7站位7月份植株高度最高，为89.56±7.66 cm/shoot，9月份植株高度最低，为45.08±4.30 cm/shoot；第8站位6月份植株高度最高，为95.64±6.82 cm/shoot，9月份植株高度最低，为46.60±2.51 cm/shoot；第9站位6月份植株高度最高，为109.20±5.92 cm/shoot，9月份植株高度最低，为53.11±3.70 cm/shoot；第10站位6月份植株

高度最高，为 119.90 ± 7.18 cm/shoot，9 月份植株高度最低，为 54.06 ±
6.78 cm/shoot；第 11 站位 6 月份植株高度最高，为 108.27 ± 17.19 cm/shoot，
9 月份植株高度最低，为 52.37 ± 4.03 cm/shoot；第 12 站位 6 月份植株
高度最高，为 120.48 ± 7.00 cm/shoot，9 月份植株高度最低，为 46.81 ±
3.32 cm/shoot（图 5-41）。

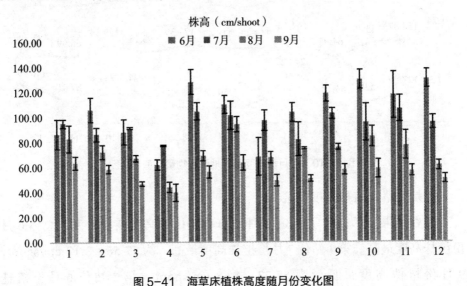

图 5-41　海草床植株高度随月份变化图

不同月份，各站位海草床单株植株株高变化明显（图 5-42），从第 1
站位到第 12 站位：6 月份有 3 个波谷 3 个波峰，波谷出现在第 4、7、11 站
位，波峰出现在第 2、5、10 站位；7 月份有 4 个波谷 4 个波峰，波谷出现
在第 2、4、8、10 站位，波峰出现在第 3、5、9、11 站位；8 月份有 2 个波
谷 2 个波峰，波谷出现在第 4、7 站位，波峰出现在第 6、10 站位；9 月份
有 2 个波谷 2 个波峰，波谷出现在第 4、7 站位，波峰出现在第 6、10 站位。

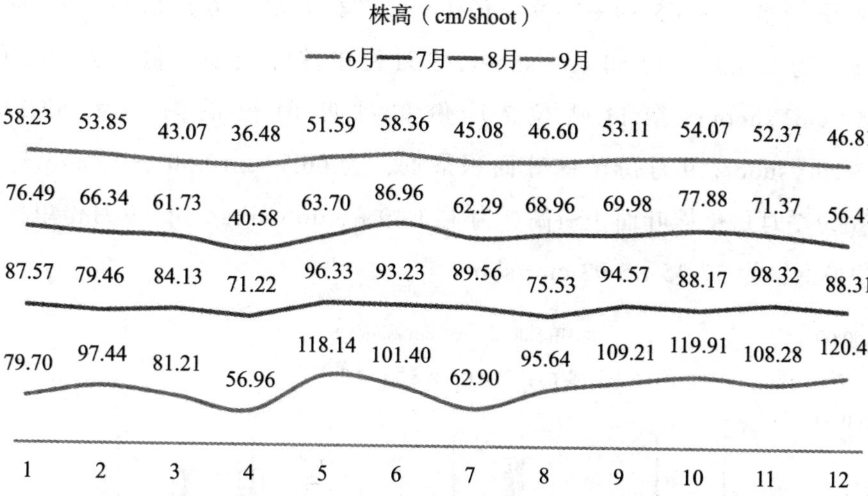

株高（cm/shoot）

—— 6月 —— 7月 —— 8月 —— 9月

图5-42 各月份不同站点植株高度均值波动图

五是海草床单株叶面积特征。

调查结果显示，6、7、8、9月份海草床单株叶面积波动较大，总体6月份单株叶面积最高（图5-43）。第1站位6月份单株叶面积最高，为121.67±10.56 cm²/shoot，9月份单株叶面积最低，为67.92±8.02 cm²/shoot；第2站位6月份单株叶面积最高，为149.89±43.28 cm²/shoot，9月份单株叶面积最低，为68.46±6.48 cm²/shoot；第3站位6月份单株叶面积最高，为151.64±32.90 cm²/shoot，9月份单株叶面积最低，为56.20±4.58 cm²/shoot；第4站位7月份单株叶面积最高，为96.42±10.65 cm²/shoot，9月份单株叶面积最低，为46.81±10.54 cm²/shoot；第5站位6月份单株叶面积最高，为167.32±40.85 cm²/shoot，9月份单株叶面积最低，为51.56±5.64 cm²/shoot；第6站位6月份单株叶面积最高，为160.70±22.32 cm²/shoot，9月份单株叶面积最低，为67.51±4.52 cm²/shoot；第7站位7月份单株叶面积最高，为130.39±27.16 cm²/shoot，9月份单株叶面积最低，为57.25±7.93 cm²/shoot；第8站位7月份单株叶面积最高，为117.67±39.57 cm²/shoot，9月份单株叶面积最低，为53.67±1.95 cm²/shoot；第9站位6月份单株叶面积最高，为153.51±27.94 cm²/shoot，9月份单株叶面积最低，为 65.39 ± 5.49 cm²/shoot；第 10 站位 6 月份单株叶面积最高，为 163.55 ± 47.50 cm²/shoot，9 月份单株叶面积最低，为 65.90 ± 10.57 cm²/shoot；第 11 站位 7 月份单株叶面积最高，为 152.54 ± 8.77 cm²/shoot，9 月份单株叶面积最低，为 66.94 ± 10.60 cm²/shoot；第 12 站位 7 月份单株叶面积最高，为 123.49 ± 6.06 cm²/shoot，9 月份单株叶面积最低，为 57.25 ± 5.93 cm²/shoot。

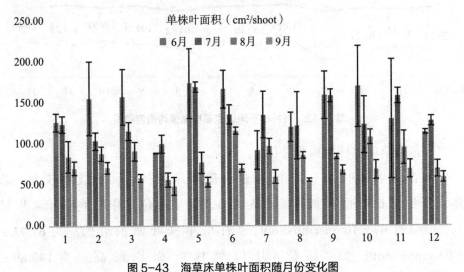

图 5-43　海草床单株叶面积随月份变化图

不同监测月份，各站位海草床单株叶面积呈现不同的波动规律（图 5-44）。从第 1 站位到第 12 站位：6 月份有 2 个波谷 3 个波峰，波谷出现在第 4、7 站位，波峰出现在第 3、5、10 站位；7 月份有 4 个波谷 4 个波峰，波谷出现在第 2、4、8、10 站位，波峰出现在第 3、5、9、11 站位；8 月份有 2 个波谷 3 个波峰，波谷出现在第 4、9 站位，波峰出现在第 3、6、10 站位；9 月份有 2 个波谷 3 个波峰，波谷出现在第 4、8 站位，波峰出现在第 2、6、11 站位。

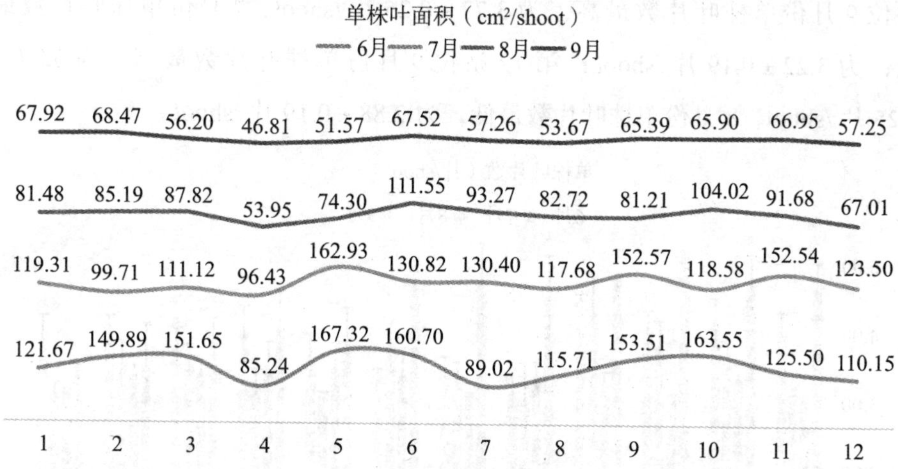

单株叶面积（cm²/shoot）
—— 6月 —— 7月 —— 8月 —— 9月

67.92	68.47	56.20	46.81	51.57	67.52	57.26	53.67	65.39	65.90	66.95	57.25
81.48	85.19	87.82	53.95	74.30	111.55	93.27	82.72	81.21	104.02	91.68	67.01
119.31	99.71	111.12	96.43	162.93	130.82	130.40	117.68	152.57	118.58	152.54	123.50
121.67	149.89	151.65	85.24	167.32	160.70	89.02	115.71	153.51	163.55	125.50	110.15

1　2　3　4　5　6　7　8　9　10　11　12

图5-44　各月份不同站点单株叶面积均值波动图

六是海草床单株叶片数特征。

调查结果显示，6、7、8、9月份海草床单株叶片数波动较大，其中6月份单株叶片数最高（图5-45）。第1站位6月份单株叶片数最高，为4.44±0.38片/shoot，7、8月份单株叶片数最低，均为3.00±0.00片/shoot；第2站位6月份单株叶片数最高，为4.52±0.41片/shoot，7月份单株叶片数最低，为3.22±0.19片/shoot；第3站位6月份单株叶片数最高，为5.00±0.00片/shoot，7月份单株叶片数最低，为3.00±0.00片/shoot；第4站位6月份单株叶片数最高，为4.66±0.33片/shoot，7月份单株叶片数最低，为3.11±0.19片/shoot；第5站位6月份单株叶片数最高，为4.33±0.57片/shoot，8月份单株叶片数最低，为2.88±0.50片/shoot；第6站位6月份单株叶片数最高，为4.55±0.50片/shoot，7月份单株叶片数最低，为3.00±0.00片/shoot；第7站位6月份单株叶片数最高，为4.50±0.16片/shoot，7、9月份单株叶片数最低，为3.22±0.38片/shoot；第8站位6月份单株叶片数最高，为3.77±0.38片/shoot，8月份单株叶片数最低，为3.00±0.00片/shoot；第9站位6月份单株叶片数最高，为3.88±0.50片/shoot，8月份单株叶片数最低，为3.11±0.19片/shoot；第10站位6月份单株叶片数最高，为3.66±0.33片/shoot，7月份单株叶片数最低，为3.22±0.19片/shoot；第11

站位 9 月份单株叶片数最高，为 3.77 ± 0.25 片 /shoot，7 月份单株叶片数最低，为 3.22 ± 0.19 片 /shoot；第 12 站位 9 月份单株叶片数最高，为 3.77 ± 0.25 片 /shoot，8 月份单株叶片数最低，为 2.88 ± 0.19 片 /shoot。

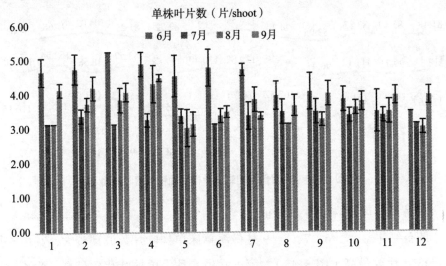

图 5-45　海草床单株叶片数随月份变化图

　　不同调查月份，各站位海草床单株叶片数也呈现一定程度的波动（图 5-46）。从第 1 站位到第 12 站位：6 月份有 2 个波谷 3 个波峰，波谷出现在第 5、8 站位，波峰出现在第 3、6、9 站位；7 月份有 2 个波谷 3 个波峰，波谷出现在第 3、6 站位，波峰出现在第 2、5、8 站位；8 月份有 2 个波谷 3 个波峰，波谷出现在第 5、8 站位，波峰出现在第 4、7、10 站位；9 月份有 4 个波谷 4 个波峰，波谷出现在第 3、5、7、10 站位，波峰出现在第 2、4、6、9 站位。

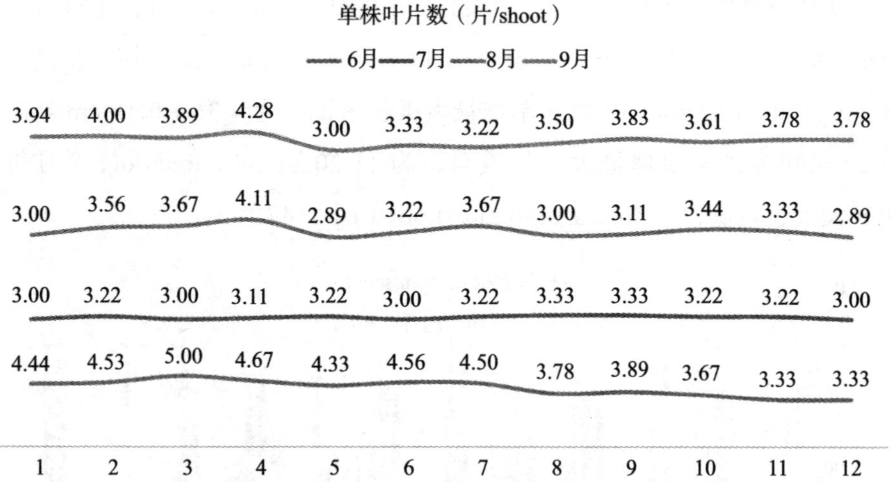

单株叶片数（片/shoot）

—— 6月 —— 7月 —— 8月 —— 9月

| 3.94 | 4.00 | 3.89 | 4.28 | | 3.00 | 3.33 | 3.22 | 3.50 | 3.83 | 3.61 | 3.78 | 3.78 |

| 3.00 | 3.56 | 3.67 | 4.11 | | 2.89 | 3.22 | 3.67 | 3.00 | 3.11 | 3.44 | 3.33 | 2.89 |

| 3.00 | 3.22 | 3.00 | 3.11 | | 3.22 | 3.00 | 3.22 | 3.33 | 3.33 | 3.22 | 3.22 | 3.00 |

| 4.44 | 4.53 | 5.00 | 4.67 | | 4.33 | 4.56 | 4.50 | 3.78 | 3.89 | 3.67 | 3.33 | 3.33 |

| 1 | 2 | 3 | 4 | 5 | 6 | 7 | 8 | 9 | 10 | 11 | 12 |

图 5-46   各月份不同站点单株叶片数均值波动图

七是海草床单株最大根长特征。

调查结果显示，6、7、8、9月份海草床单株最大根长波动较大，总体 6、7 月份单株最大根长较高。第 1 站位 6 月份单株最大根长最高，为 9.48 ± 0.73 cm/shoot，9 月份单株最大根长最低，为 7.92 ± 0.94 cm/shoot；第 2 站位 7 月份单株最大根长最高，为 9.97 ± 1.57 cm/shoot，8 月份单株最大根长最低，为 7.35 ± 0.88 cm/shoot；第 3 站位 6 月份单株最大根长最高，为 10.90 ± 0.59 cm/shoot，9 月份单株最大根长最低，为 7.09 ± 0.26 cm/shoot；第 4 站位 7 月份单株最大根长最高，为 9.94 ± 0.65 cm/shoot，9 月份单株最大根长最低，为 7.51 ± 0.21 cm/shoot；第 5 站位 7 月份单株最大根长最高，为 9.94 ± 0.57 cm/shoot，8 月份单株最大根长最低，为 7.82 ± 0.47 cm/shoot；第 6 站位 7 月份单株最大根长最高，为 10.20 ± 1.59 cm/shoot，8 月份单株最大根长最低，为 5.79 ± 0.59 cm/shoot；第 7 站位 7 月份单株最大根长最高，为 10.70 ± 0.24 cm/shoot，9 月份单株最大根长最低，为 6.84 ± 1.16 cm/shoot；第 8 站位 7 月份单株最大根长最高，为 9.85 ± 0.68 cm/shoot，8 月份单株最大根长最低，为 6.03 ± 0.90 cm/shoot；第 9 站位 6 月份单株最大根长最高，为 10.30 ± 0.45 cm/shoot，9 月份单株最大根长最低，为 6.83 ± 0.77 cm/shoot；第 10

站位 7 月份单株最大根长最高,为 11.20 ± 0.85 cm/shoot,8 月份单株最大根长最低,为 5.48 ± 0.26 cm/shoot;第 11 站位 6 月份单株最大根长最高,为 10.60 ± 0.96 cm/shoot,8 月份单株最大根长最低,为 4.36 ± 0.18 cm/shoot;第 12 站位 6 月份单株最大根长最高,为 11.20 ± 0.57 cm/shoot,8 月份单株最大根长最低,为 5.72 ± 0.36 cm/shoot(图 5-47)。

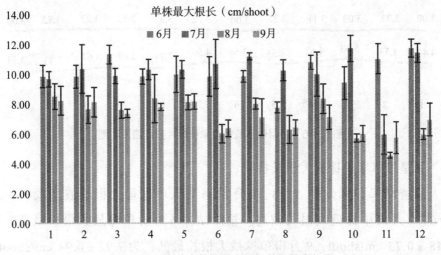

图 5-47　海草床单株最大根长随月份变化图

　　不同监测时间,海草床各站位单株最大根长均呈现一定程度的波动(图 5-48)。从第 1 站位到第 12 站位:6 月份有 3 个波谷 3 个波峰,波谷出现在第 4、8、10 站位,波峰出现在第 3、5、9 站位;7 月份有 3 个波谷 3 个波峰,波谷出现在第 3、9、11 站位,波峰出现在第 2、7、10 站位;8 月份有 4 个波谷 3 个波峰,波谷出现在第 3、6、8、11 站位,波峰出现在第 4、7、9 站位;9 月份有 4 个波谷 3 个波峰,波谷出现在第 3、6、8、11 站位,波峰出现在第 5、7、9 站位。

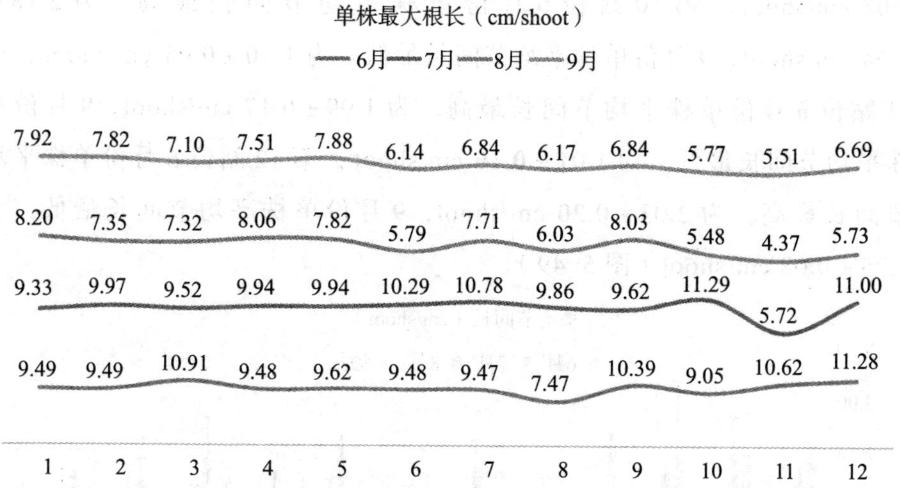

单株最大根长（cm/shoot）

━━ 6月 ━━ 7月 ━━ 8月 ━━ 9月

| | 1 | 2 | 3 | 4 | 5 | 6 | 7 | 8 | 9 | 10 | 11 | 12 |

图5-48　各月份不同站点单株最大根长均值波动图

八是海草床单株平均节间长特征。

调查结果显示，6、7、8、9月份海草床单株平均节间长波动较大，总体6月份单株平均节间长较高。第1站位6月份单株平均节间长最高，为2.21±0.08 cm/shoot，9月份单株平均节间长最低，为1.35±0.13 cm/shoot；第2站位7月份单株平均节间长最高，为2.21±0.33 cm/shoot，9月份单株平均节间长最低，为1.29±0.08 cm/shoot；第3站位6月份单株平均节间长最高，为2.37±0.48 cm/shoot，9月份单株平均节间长最低，为1.14±0.10 cm/shoot；第4站位6月份单株平均节间长最高，为2.31±0.09 cm/shoot，9月份单株平均节间长最低，为1.11±0.19 cm/shoot；第5站位8月份单株平均节间长最高，为1.78±0.05 cm/shoot，9月份单株平均节间长最低，为1.49±0.08 cm/shoot；第6站位6月份单株平均节间长最高，为2.10±0.23 cm/shoot，9月份单株平均节间长最低，为1.23±0.06 cm/shoot；第7站位6月份单株平均节间长最高，为1.86±0.08 cm/shoot，9月份单株平均节间长最低，为1.30±0.08 cm/shoot；第8站位6月份单株平均节间长最高，为2.27±0.12 cm/shoot，9月份单株平均节间长最低，为1.13±0.17 cm/shoot；第9站位6月份单株平均节间长最高，为1.91±0.15 cm/shoot，9月份单株平均节间长最低，为1.41±

0.08 cm/shoot；第 10 站位 6 月份单株平均节间长最高，为 2.18 ±
0.34 cm/shoot，9 月份单株平均节间长最低，为 1.10 ± 0.05 cm/shoot；第
11 站位 6 月份单株平均节间长最高，为 1.99 ± 0.17 cm/shoot，9 月份单
株平均节间长最低，为 1.01 ± 0.16 cm/shoot；第 12 站位 6 月份单株平均
节间长最高，为 2.03 ± 0.20 cm/shoot，9 月份单株平均节间长最低，为
1.25 ± 0.08 cm/shoot（图 5-49）。

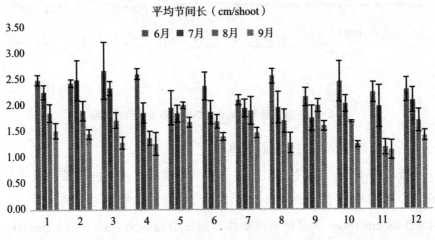

图 5-49　海草床单株平均节间长随月份变化图

在不同时间，各站位海草床单株平均节间长均呈现一定程度的波动（图
5-50）。从第 1 站位到第 12 站位：6 月份有 5 个波谷 4 个波峰，波谷出现
在第 2、5、7、9、11 站位，波峰出现在第 3、6、8、10 站位；7 月份有 3
个波谷 3 个波峰，波谷出现在第 5、9、11 站位，波峰出现在第 2、8、10
站位；8 月份有 4 个波谷 4 个波峰，波谷出现在第 4、6、8、11 站位，波峰
出现在第 2、5、7、9 站位；9 月份有 4 个波谷 3 个波峰，波谷出现在第 4、
6、8、11 站位，波峰出现在第 5、7、9 站位。

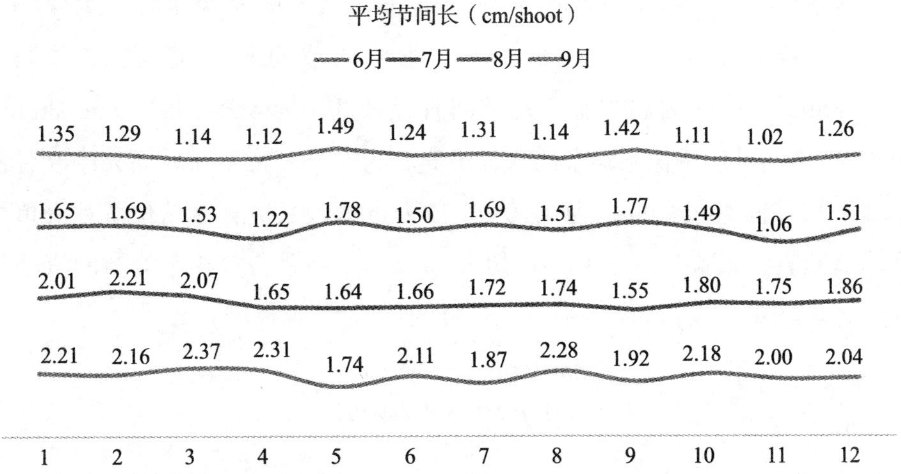

平均节间长（cm/shoot）

——6月——7月——8月——9月

| 1.35 | 1.29 | 1.14 | 1.12 | 1.49 | 1.24 | 1.31 | 1.14 | 1.42 | 1.11 | 1.02 | 1.26 |

| 1.65 | 1.69 | 1.53 | 1.22 | 1.78 | 1.50 | 1.69 | 1.51 | 1.77 | 1.49 | 1.06 | 1.51 |

| 2.01 | 2.21 | 2.07 | 1.65 | 1.64 | 1.66 | 1.72 | 1.74 | 1.55 | 1.80 | 1.75 | 1.86 |

| 2.21 | 2.16 | 2.37 | 2.31 | 1.74 | 2.11 | 1.87 | 2.28 | 1.92 | 2.18 | 2.00 | 2.04 |

| 1 | 2 | 3 | 4 | 5 | 6 | 7 | 8 | 9 | 10 | 11 | 12 |

图 5-50　各月份不同站点单株平均节间长均值波动图

九是海草床单株平均节间直径特征。

调查结果显示，6、7、8、9 月份海草床单株平均节间直径波动较大，总体 6 月份单株平均节间直径较高。第 1 站位 6 月份单株平均节间直径最高，为 5.01 ± 0.25 mm/shoot，9 月份单株平均节间直径最低，为 4.47 ± 0.24 mm/shoot；第 2 站位 6 月份单株平均节间直径最高，为 5.29 ± 0.38 mm/shoot，9 月份单株平均节间直径最低，为 4.55 ± 0.21 mm/shoot；第 3 站位 6 月份单株平均节间直径最高，为 5.31 ± 0.27 mm/shoot，9 月份单株平均节间直径最低，为 3.72 ± 0.17 mm/shoot；第 4 站位 6 月份单株平均节间直径最高，为 5.00 ± 0.32 mm/shoot，9 月份单株平均节间直径最低，为 3.87 ± 0.27 mm/shoot；第 5 站位 6、8 月份单株平均节间直径最高，为 5.40 ± 0.13 mm/shoot，9 月份单株平均节间直径最低，为 4.86 ± 0.04 mm/shoot；第 6 站位 6 月份单株平均节间直径最高，为 5.75 ± 0.10 mm/shoot，9 月份单株平均节间直径最低，为 4.41 ± 0.09 mm/shoot；第 7 站位 6 月份单株平均节间直径最高，为 5.15 ± 0.55 mm/shoot，9 月份单株平均节间直径最低，为 4.28 ± 0.35 mm/shoot；第 8 站位 6 月份单株平均节间直径最高，为 6.17 ± 0.64 mm/shoot，9 月份单株平均节间直径最低，为 4.13 ± 0.09 mm/shoot；第 9 站位 6 月份单株平均节间直径最

高，为 5.70 ± 0.37 mm/shoot，9 月份单株平均节间直径最低，为 4.39 ±
0.14 mm/shoot；第 10 站位 6 月份单株平均节间直径最高，为 5.93 ±
0.37 mm/shoot，9 月份单株平均节间直径最低，为 4.28 ± 0.31 mm/shoot；
第 11 站位 7 月份单株平均节间直径最高，为 5.35 ± 0.35 mm/shoot，9 月份
单株平均节间直径最低，为 4.10 ± 0.12 mm/shoot；第 12 站位 7 月份单株
平均节间直径最高，为 5.14 ± 0.30 mm/shoot，9 月份单株平均节间直径最
低，为 4.38 ± 0.19 mm/shoot（图 5-51）。

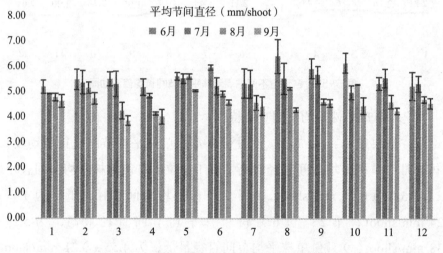

图 5-51　海草床单株平均节间直径随月份变化图

在不同时间，各站位海草床单株平均节间直径呈现一定的波动（图
5-52）。从第 1 站位到第 12 站位：6 月份有 3 个波谷 4 个波峰，波谷出现
在第 4、7、9 站位，波峰出现在第 3、6、8、10 站位；7 月份有 3 个波谷 4
个波峰，波谷出现在第 4、6、10 站位，波峰出现在第 2、5、9、11 站位；
8 月份有 4 个波谷 4 个波峰，波谷出现在第 4、7、9、11 站位，波峰出现
在第 2、5、8、10 站位；9 月份有 3 个波谷 3 个波峰，波谷出现在第 3、8、
11 站位，波峰出现在第 2、5、9 站位。

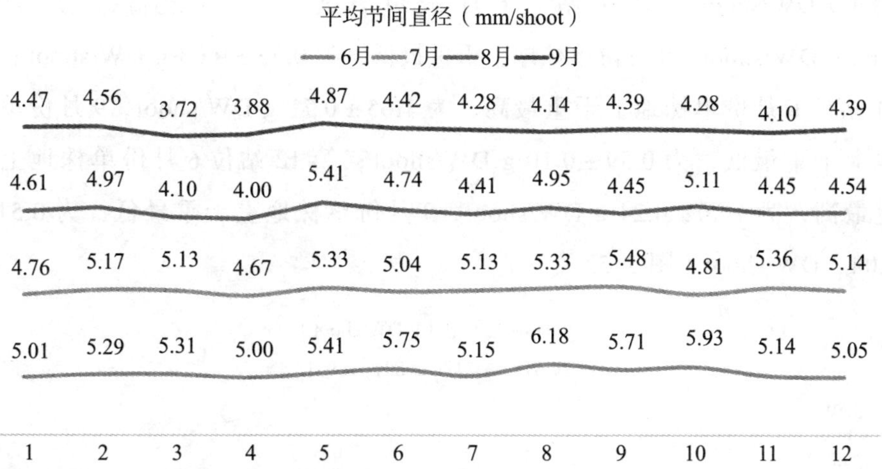

平均节间直径（mm/shoot）

—— 6月 —— 7月 —— 8月 —— 9月

4.47	4.56	3.72	3.88	4.87	4.42	4.28	4.14	4.39	4.28	4.10	4.39
4.61	4.97	4.10	4.00	5.41	4.74	4.41	4.95	4.45	5.11	4.45	4.54
4.76	5.17	5.13	4.67	5.33	5.04	5.13	5.33	5.48	4.81	5.36	5.14
5.01	5.29	5.31	5.00	5.41	5.75	5.15	6.18	5.71	5.93	5.14	5.05
1	2	3	4	5	6	7	8	9	10	11	12

图 5-52　各月份不同站点单株平均节间直径均值波动图

十是海草床单株地上干重特征。

调查结果显示，6、7、8、9月份海草床单株地上干重波动较大，总体6月份单株地上干重较高。第1站位6月份单株地上干重最高，为 1.38 ± 0.20 g DW/shoot，9月份单株地上干重最低，为 0.59 ± 0.06 g DW/shoot；第2站位6月份单株地上干重最高，为 1.67 ± 0.28 g DW/shoot，9月份单株地上干重最低，为 0.59 ± 0.01 g DW/shoot；第3站位6月份单株地上干重最高，为 1.63 ± 0.46 g DW/shoot，9月份单株地上干重最低，为 0.48 ± 0.04 g DW/shoot；第4站位6月份单株地上干重最高，为 0.85 ± 0.05 g DW/shoot，9月份单株地上干重最低，为 0.37 ± 0.08 g DW/shoot；第5站位6月份单株地上干重最高，为 2.04 ± 0.16 g DW/shoot，9月份单株地上干重最低，为 0.42 ± 0.03 g DW/shoot；第6站位6月份单株地上干重最高，为 1.75 ± 0.02 g DW/shoot，9月份单株地上干重最低，为 0.68 ± 0.06 g DW/shoot；第7站位7月份单株地上干重最高，为 1.19 ± 0.22 g DW/shoot，9月份单株地上干重最低，为 0.53 ± 0.06 g DW/shoot；第8站位6月份单株地上干重最高，为 1.87 ± 0.21 g DW/shoot，9月份单株地上干重最低，为 0.46 ± 0.02 g DW/shoot；第9站位6月份单株地上干重最高，为 2.00 ± 0.22 g DW/shoot，9月份单株地上干重最低，为 $0.54 \pm$

0.04 g DW/shoot；第 10 站位 6 月份单株地上干重最高，为 2.29 ±
0.62 g DW/shoot，9 月份单株地上干重最低，为 0.55 ± 0.08 g DW/shoot；第
11 站位 6 月份单株地上干重最高，为 1.65 ± 0.71 g DW/shoot，9 月份单株
地上干重最低，为 0.59 ± 0.10 g DW/shoot；第 12 站位 6 月份单株地上干
重最高，为 1.90 ± 0.24 g DW/shoot，9 月份单株地上干重最低，为 0.51 ±
0.04 g DW/shoot（图 5-53）。

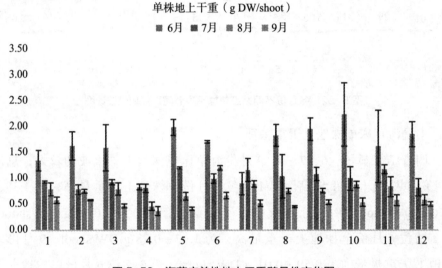

图 5-53　海草床单株地上干重随月份变化图

在不同测量时间，各站位海草床单株地上干重波动程度不同（图
5-54）。从第 1 站位到 12 站位：6 月份有 3 个波谷 3 个波峰，波谷出现在
第 4、7、11 站位，波峰出现在第 2、5、10 站位；7 月份有 5 个波谷 5 个波
峰，波谷出现在第 2、4、6、8、10 站位，波峰出现在第 3、5、7、9、11
站位；8 月份有 3 个波谷 3 个波峰，波谷出现在第 4、8、12 站位，波峰出
现在第 3、6、10 站位；9 月份有 2 个波谷 2 个波峰，波谷出现在第 4、8 站
位，波峰出现在第 6、11 站位。

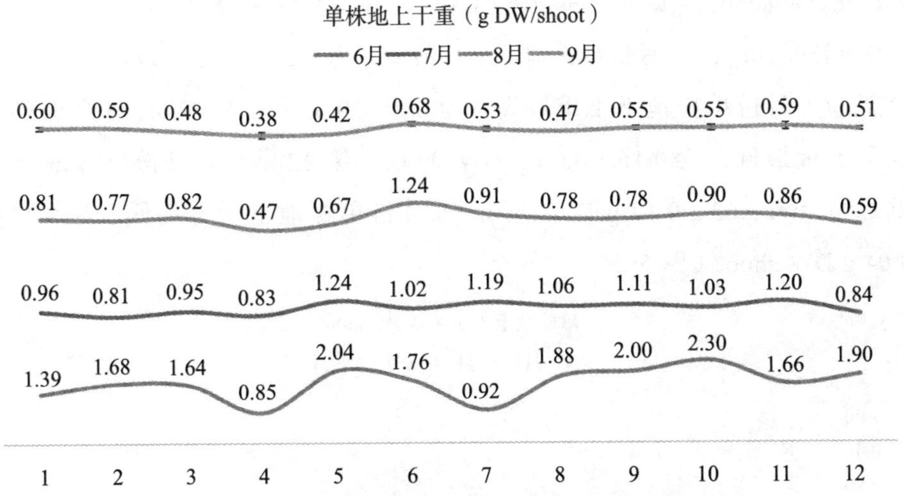

单株地上干重（g DW/shoot）
——6月 ——7月 ——8月 ——9月

图5-54   各月份不同站点单株地上干重均值波动图

十一是海草床单株地下干重特征。

调查结果显示，6、7、8、9月份海草床单株地下干重波动较大，总体6月份单株地下干重较高。第1站位6月份单株地下干重最高，为0.60±0.07 g DW/shoot，8月份单株地下干重最低，为0.38±0.05 g DW/shoot；第2站位6月份单株地下干重最高，为0.63±0.05 g DW/shoot，8月份单株地下干重最低，为0.35±0.05 g DW/shoot；第3站位6月份单株地下干重最高，为0.69±0.18 g DW/shoot，8月份单株地下干重最低，为0.20±0.05 g DW/shoot；第4站位6月份单株地下干重最高，为0.54±0.04 g DW/shoot，8月份单株地下干重最低，为0.18±0.01 g DW/shoot；第5站位6月份单株地下干重最高，为0.67±0.12 g DW/shoot，8月份单株地下干重最低，为0.47±0.02 g DW/shoot；第6站位6月份单株地下干重最高，为0.73±0.06 g DW/shoot，8月份单株地下干重最低，为0.35±0.03 g DW/shoot；第7站位6月份单株地下干重最高，为0.61±0.04 g DW/shoot，8月份单株地下干重最低，为0.33±0.08 g DW/shoot；第8站位6月份单株地下干重最高，为0.62±0.12 g DW/shoot，9月份单株地下干重最低，为0.32±0.05 g DW/shoot；第9站位6月份单株地下干重最高，为0.65±0.04 g DW/shoot，8月份单株地下干重最低，为0.33±

0.01 g DW/shoot；第10站位6月份单株地下干重最高，为0.71±0.08 g DW/shoot，8月份单株地下干重最低，为0.29±0.02 g DW/shoot；第11站位6月份单株地下干重最高，为0.58±0.05 g DW/shoot，8月份单株地下干重最低，为0.15±0.06 g DW/shoot；第12站位6月份单株地下干重最高，为0.63±0.17 g DW/shoot，8月份单株地下干重最低，为0.27±0.04 g DW/shoot（图5-55）。

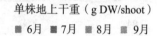

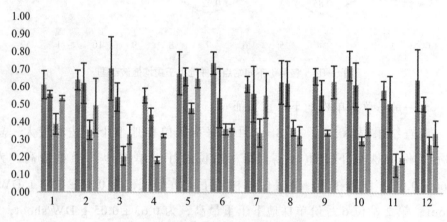

图5-55 海草床单株地下干重随月份变化图

不同月份各站位海草床单株地下干重存在一定波动（图5-56）。从第1站位到第12站位：6月份有3个波谷3个波峰，波谷出现在第4、7、11站位，波峰出现在第3、6、10站位；7月份有3个波谷4个波峰，波谷出现在第4、6、9站位，波峰出现在第2、5、8、10站位；8月份有3个波谷2个波峰，波谷出现在第4、7、11站位，波峰出现在第5、8站位；9月份有4个波谷3个波峰，波谷出现在第4、6、8、11站位，波峰出现在第5、7、9站位。

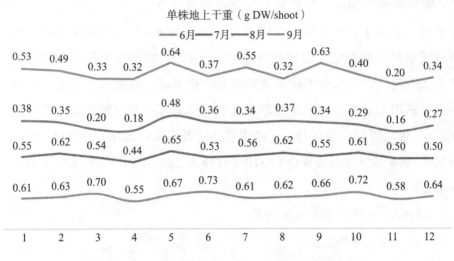

图 5-56 各月份不同站点单株地下干重均值波动图

5.2.3 水环境要素特征

5.2.3.1 调查方法

于 2022 年 6 月和 9 月分别进行现场样品采集和测试，在海草床区布设 12 个站位，在周边裸沙区布设 9 个站位，共计采集分析水环境样品 42 份，分析海草床及其周边裸沙区区域的水环境要素特征。参照《海洋调查规范》（GB/T 12763），水环境要素测试指标包括水深（cm）、水温（℃）、光照强度（lux）、盐度（‰）、颗粒悬浮物（mg/L）、溶解氧（ppm）、pH 值、表层水亚硝酸盐含量（mg/L）、表层水硝酸盐含量（mg/L）、表层水磷酸盐含量（mg/L）、表层水铵盐含量（mg/L）。

水深的测定：采用米绳加铅块测定海草床区及周边水深。水温和光照强度的测定采用美国 HOBO 公司温度与光照记录仪（UA-002, Onset Computer Corp, Bourne, MA）测定海草床区及其周边连续时间序列的水温（℃）及光照强度（lux）。盐度含量测定：采用便携式折射光学盐度计（Atago）测定海草床区及其周边盐度（‰）。溶解氧的测定：采用美国 YSI 公司溶解氧测量仪（DO200）测定海草床区及其周边的溶解氧含量（ppm）；pH 值的测定采用 pH 计（HI98130）测定海草床区及其周边的 pH 值的测定。

颗粒悬浮物的测定利用采水器分别采集海草床及其周边表层—底层混合水样，装入 1 L 塑料瓶，采用经过预处理的 Φ47 mm GF/F 玻璃纤维滤膜过滤水样，并参照《海洋调查规范》（GB/T 12763）测定颗粒悬浮物含量（mg/L）。表层水营养盐（亚硝酸盐、硝酸盐、磷酸盐、铵盐）含量的测定：利用采水器分别采集海草床及其周边表层—底层的混合水样，装入 500 mL 聚乙烯瓶，经 0.45 μm 的滤膜抽滤得到澄清水样，并参照《海洋监测规范 第 4 部分：海水分析》（GB 17378.4-2007）测定表层水营养盐含量（mg/L）。

5.2.3.2　水环境要素分布特征

一是水深分布特征。

夏季（6 月份）和秋季（9 月份）草床区海域水深变化不大，平均水深分别为 219.75 cm 和 205.42 cm（图 5-57）。根据收集的资料可知，鳗草植株生长的最适宜水深为 50~400 cm，草床区符合鳗草植株生长的最适宜水深。

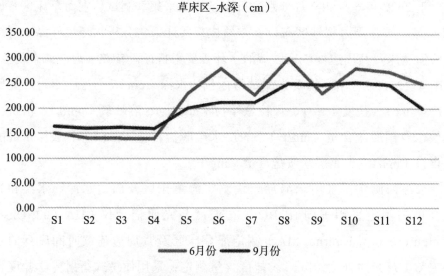

图 5-57　草床区水深分布图

二是水温时空分布特征。

夏季（6 月份）草床区海域平均水温略低于裸沙区，草床区平均水温为

25.80℃，裸沙区为25.87℃，差别不大；秋季（9月份）草床区海域平均水温略高于裸沙区，草床区平均水温为25.77℃，裸沙区为25.50℃，差别不大。

草床区夏季平均水温略高于秋季，各站位间存在一定的波动变化。夏季海域的水温范围在24.04℃~27.60℃，最低水温出现在S10站位，为24.04℃；最高水温出现在S1站位，为27.60℃。秋季海域的水温范围在24.58℃~26.78℃之间，最低水温出现在S6站位，为24.58℃，最高水温出现在S5站位，为26.78℃（图5-58）。

草床区-海水温度（℃）

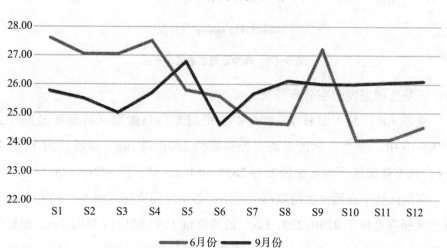

图5-58　草床区海水温度分布图

裸沙区夏季平均水温略高于秋季，各站位间存在一定的波动变化。其中，夏季海域的水温范围在24.60℃~27.10℃之间，最低水温站位出现在B7站位，为24.60℃，最高水温出现在B8站位，为27.10℃。秋季海域的水温范围在24.13℃~26.08℃之间，最低水温出现在B7站位，为24.13℃，最高水温出现在B4站位，为26.08℃（图5-59）。

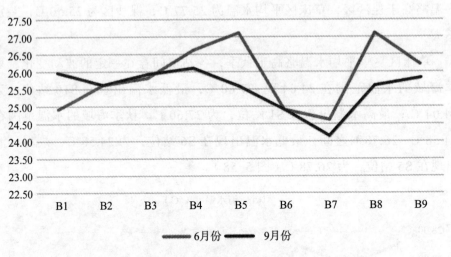

图 5-59　裸沙区海水温度分布图

三是光照强度时空分布特征。

夏季（6月份）和秋季（9月份）平均光照强度草床区都明显高于裸沙区。其中，夏季草床区平均光照强度为 2646.42 lux，裸沙区为 2475.11 lux；秋季草床区平均光照强度为 2854.50 lux，裸沙区为 2694.00 lux。

草床区秋季光照强度明显高于夏季，各站位间变化波动不大（图 5-60）。夏季光照强度位于 2290~2892 lux，最高值位于 S1 站位的 2892 lux，最低值位于 S7 站位的 2290 lux；秋季光照强度位于 2500~3200 lux，最高值位于 S5 站位的 3200 lux，最低值位于 S1 站位的 2500 lux。

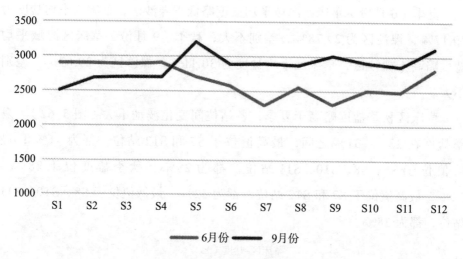

图 5-60 草床区光照强度分布图

　　裸沙区秋季光照强度明显高于夏季，各站位间变化波动不大（图 5-61）。夏季光照强度位于 2200~2970 lux，最高值位于 B4 站位的 2970 lux，最低值位于 B7 站位的 2200 lux；秋季光照强度位于 2340~2980 lux，最高值位于 B3 站位的 2980 lux，最低值位于 B2 站位的 2340 lux。

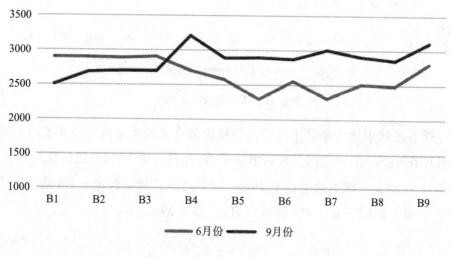

图 5-61 裸沙区光照强度分布图

四是盐度时空分布特征。

夏季（6月份）草床区海域平均盐度略低于裸沙区，草床区平均盐度为29.17‰，裸沙区为29.78‰，差别不大；秋季（9月份）草床区海域平均盐度略高于裸沙区，草床区平均盐度为30.11‰，裸沙区为29.67‰，差别不大。

草床区秋季盐度略高于夏季，各站位间变化波动不大（图5-62）。夏季盐度在28‰~31‰之间，最高值位于S7和S12站位，都为31‰；最低值位于S5、S8、S10、S11站位，都为28‰。秋季盐度位于28‰~32‰，最高值位于S7和S12站位，都为32‰，最低值位于S8、S10、S11站位，都为28‰。

草床区-盐度（‰）

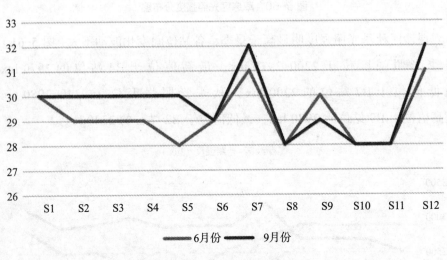

图5-62　草床区盐度分布图

裸沙区秋季盐度略高于夏季，各站位间变化波动不大（图5-63）。夏季盐度在28‰~31‰之间，最高值位于B4站位，为31‰；最低值位于B8站位，为28‰。秋季盐度位于29‰~32‰之间，最高值位于B6站位，为32‰；最低值位于B2、B7和B8站位，都为29‰。

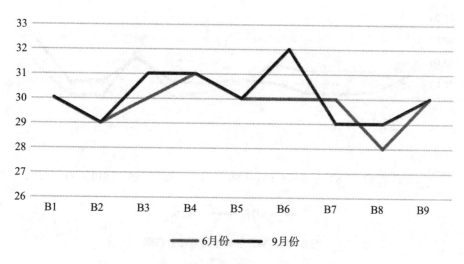

图 5-63　裸沙区盐度分布图

五是颗粒悬浮物时空分布特征。

夏季（6月份）和秋季（9月份）平均颗粒悬浮物含量，裸沙区都略高于草床区。其中，夏季草床区平均颗粒悬浮物含量为 31.10 mg/L，裸沙区为 32.64 mg/L；秋季草床区平均颗粒悬浮物含量为 31.06 mg/L，裸沙区为 31.27 mg/L。

草床区夏季平均颗粒悬浮物含量略高于秋季，差别不大（图 5-64）。其中，夏季草床区颗粒悬浮物含量在 27.00~34.20 mg/L 之间，最高值位于 S9 站位，为 34.20 mg/L；最低值位于 S8 和 S11 站位，都为 27.00 mg/L，除 S9 站位颗粒悬浮物含量较高外，其他站位波动不大。秋季草床区颗粒悬浮物含量在 27.70~39.80 mg/L 之间，最高值位于 S12 站位，为 39.80 mg/L；最低值位于 S3 站位，都为 27.70 mg/L，除 S12 站位颗粒悬浮物含量较高外，其他站位含量都在 30 mg/L 左右波动。

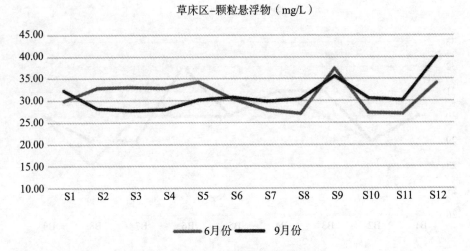

图 5-64　草床区颗粒悬浮物分布图

裸沙区夏季平均颗粒悬浮物含量略高于秋季（图 5-65）。其中，夏季裸沙区颗粒悬浮物含量在 24.50~42.30 mg/L 之间，最高值位于 B5 站位，为 42.30 mg/L；最低值位于 B7 站位，为 24.50 mg/L，各站位颗粒悬浮物含量波动较大。秋季裸沙区颗粒悬浮物含量在 26.70~36.10 mg/L 之间，最高值位于 B3 站位，为 36.10 mg/L；最低值位于 B1 站位，为 26.70 mg/L，各站位颗粒悬浮物含量波动不大。

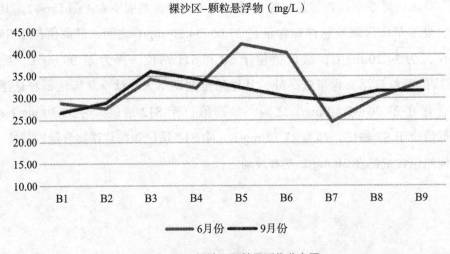

图 5-65　裸沙区颗粒悬浮物分布图

六是溶解氧时空分布特征。

夏季（6月份）草床区平均溶解氧含量略高于裸沙区。其中，草床区平均溶解氧含量为 7.79 ppm，裸沙区为 7.27 ppm；秋季（9月份）草床区平均溶解氧含量略低于裸沙区，草床区平均溶解氧含量为 9.87 ppm，裸沙区为 10.49 ppm。

草床区秋季溶解氧含量明显高于夏季（图 5-66），夏季溶解氧含量在 6.10~8.75 ppm 之间，最高值位于 S9 站位的 8.75 ppm，最低值位于 S12 站位的 6.10 ppm，各站位溶解氧含量变化波动不大；秋季溶解氧含量在 7.95~15.00 ppm 之间，除 S5 和 S12 站位外，其他站位均小于 10 ppm，最高值位于 S5 站位的 15.00 ppm，最低值位于 S1 站位的 7.95 ppm，除 S5 和 S12 站位溶解氧含量较高外，其他站位均在 9 ppm 左右波动。

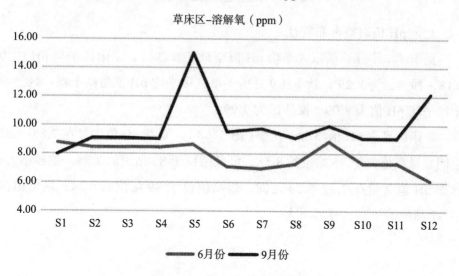

图 5-66　草床区溶解氧分布图

裸沙区秋季溶解氧含量明显高于夏季（图 5-67），夏季溶解氧含量在 5.66~9.50 ppm 之间，最高值位于 B8 站位的 9.50 ppm，最低值位于 B1 站位的 5.66 ppm，各站位溶解氧含量变化波动不大；秋季溶解氧含量在 8.57~14.50 ppm 之间，各站位之间变化波动较大，除 B3、B4 和 B6 站位外，其他站位均小于 10 ppm，最高值位于 B3 站位的 14.50 ppm，最低值位于 B9 站位的 8.57 ppm。

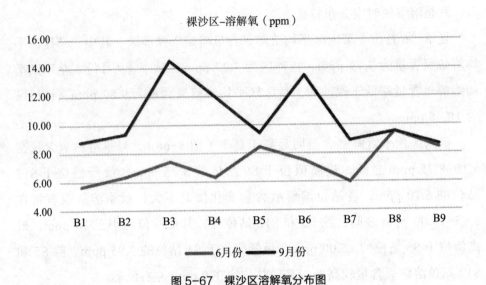

图 5-67　裸沙区溶解氧分布图

七是 pH 值时空分布特征。

夏季（6 月份）草床区平均 pH 值略低于裸沙区，草床区平均 pH 值为 8.18，裸沙区为 8.29；秋季（9 月份）草床区平均 pH 值略高于裸沙区，草床区平均 pH 值为 8.09，裸沙区为 7.99。

草床区夏季 pH 值略高于秋季（图 5-68），夏季 pH 值含量在 7.88~8.58 之间，最高值位于 S5 站位的 8.58，最低值位于 S3 站位的 7.88，差异不大；秋季 pH 值含量在 7.77~8.24 之间，最高值位于 S9 站位的 8.24，最低值位于 S7 站位的 7.77，差异不大。

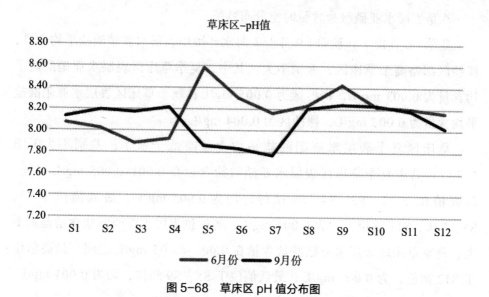

图 5-68　草床区 pH 值分布图

裸沙区夏季 pH 值略高于秋季（图 5-69），夏季 pH 值含量在 7.91~8.57
之间，最高值位于 B8 站位的 8.57，最低值位于 B4 站位的 7.91，差异不大；
秋季 pH 值含量在 7.66~8.20 之间，最高值位于 B1 站位的 8.20，最低值位
于 B9 站位的 7.66，差异不大。

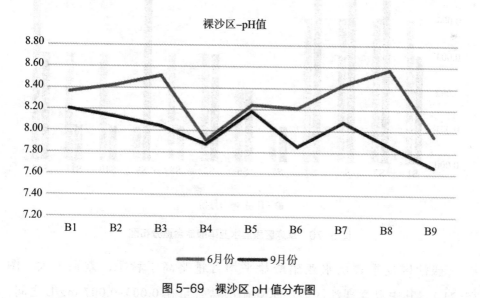

图 5-69　裸沙区 pH 值分布图

八是表层水亚硝酸盐含量时空分布特征。

夏季（6月份）和秋季（9月份）海水环境中表层水亚硝酸盐平均含量，裸沙区都略高于草床区，差别不大。其中，夏季草床区表层水亚硝酸盐平均含量为 0.003 mg/L，裸沙区为 0.005 mg/L；秋季草床区表层水亚硝酸盐平均含量为 0.003 mg/L，裸沙区为 0.004 mg/L。

草床区夏季表层水亚硝酸盐平均含量略低于秋季，差别不大（图5-70）。其中夏季草床区表层水亚硝酸盐含量在 0.001~0.005 mg/L 之间，最高值位于 S2、S3、S4、S9 站位，均为 0.005 mg/L；最低值位于 S5、S8、S10、S11 站位，均为 0.001 mg/L，各站位表层水亚硝酸盐含量差别不大。秋季草床区表层水亚硝酸盐含量在 0.001~0.005 mg/L 之间，最高值位于 S12 站位，为 0.005 mg/L；最低值位于 S5、S9 站位，均为 0.001 mg/L，各站位表层水亚硝酸盐含量差别不大。

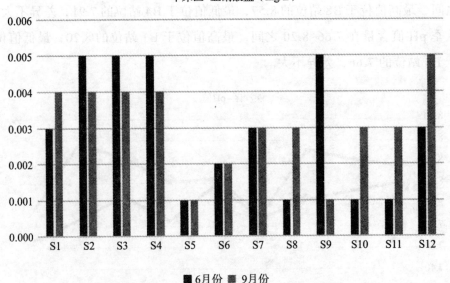

图 5-70　草床区表层水亚硝酸盐含量分布图

裸沙区夏季表层水亚硝酸盐平均含量略高于秋季，差别不大（图5-71）。其中夏季裸沙区表层水亚硝酸盐含量在 0.003~0.007 mg/L 之间，最高值位于 B3 和 B4 站位，均为 0.007 mg/L；最低值位于 B6 站位，为

0.003 mg/L，各站位表层水亚硝酸盐含量差别不大。秋季裸沙区表层水亚硝酸盐含量在 0.001~0.008 mg/L 之间，最高值位于 B3 站位，为 0.008 mg/L；最低值位于 B6 站位，为 0.001 mg/L，各站位表层水亚硝酸盐含量存在一定差异。

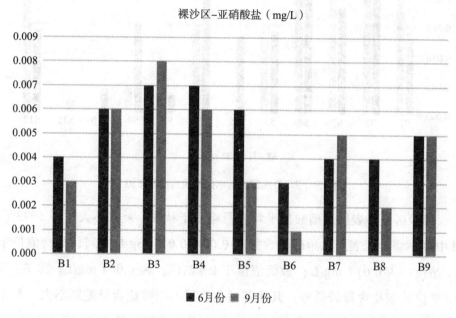

图 5-71　裸沙区表层水亚硝酸盐含量分布图

九是表层水硝酸盐含量时空分布特征。

夏季（6 月份）和秋季（9 月份）海水环境中表层水硝酸盐平均含量，草床区都略高于裸沙区，差别不大。其中，夏季草床区表层水硝酸盐平均含量为 0.014 mg/L，裸沙区为 0.012 mg/L；秋季草床区表层水硝酸盐平均含量为 0.012 mg/L，裸沙区为 0.009 mg/L。

草床区夏季表层水硝酸盐平均含量略高于秋季，差别不大（图 5-72）。其中夏季草床区表层水硝酸盐含量在 0.002~0.025 mg/L 之间，最高值位于 S7 站位，为 0.025 mg/L；最低值位于 S11 站位，为 0.002 mg/L，各站位表层水硝酸盐含量差别较大。秋季草床区表层水硝酸盐含量在 0.000~0.026 mg/L 之间，最高值位于 S3 站位，为 0.026 mg/L；最低值位于 S6、S8、S10、S11 站位，均未检测出，各站位表层水硝酸盐含量差别较大。

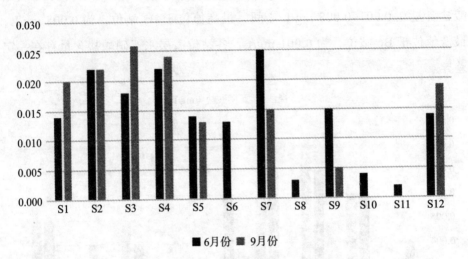

图 5-72　草床区表层水硝酸盐含量分布图

　　裸沙区夏季表层水硝酸盐平均含量略高于秋季，差别不大（图 5-73）。其中夏季裸沙区表层水硝酸盐含量在 0.004~0.017 mg/L 之间，最高值位于 B1 站位，为 0.017 mg/L；最低值位于 B8 站位，为 0.004 mg/L，除 B7 和 B8 站位硝酸盐含量较低外，其他各站位表层水硝酸盐含量差别不大。秋季裸沙区表层水硝酸盐含量在 0.000~0.017 mg/L 之间，最高值位于 B3 站位，为 0.017 mg/L；最低值位于 B2 站位，未检测出，除 B2、B6、B8 硝酸盐含量较低外，各站位表层水硝酸盐含量差别不大。

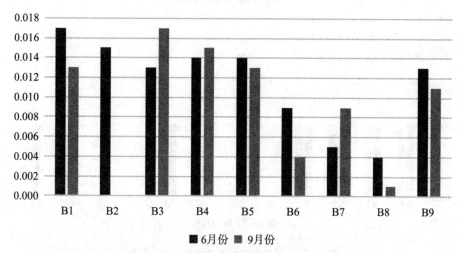

图 5-73　裸沙区表层水硝酸盐含量分布图

十是表层水磷酸盐含量时空分布特征。

夏季（6月份）和秋季（9月份）海水环境中表层水磷酸盐平均含量均较低，差别不大。其中，夏季草床区表层水磷酸盐平均含量为 0.001 mg/L，裸沙区为 0.001 mg/L；秋季草床区表层水磷酸盐大部分未检出，裸沙区表层水磷酸盐平均含量为 0.001 mg/L。

草床区夏季和秋季表层水磷酸盐平均含量均较低，差别不大（图 5-74）。其中夏季草床区表层水磷酸盐含量在 0.000~0.002 mg/L 之间，除 S6 站位为 0.002 mg/L，S5、S7 和 S9 未检测出，其他站位表层水磷酸盐含量都为 0.001 mg/L；秋季草床区除 S1、S2、S3、S4 站位都为 0.001 mg/L 外，其他站位均未检测出。

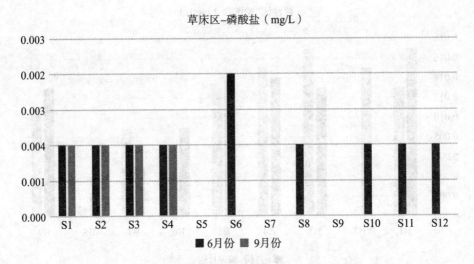

图 5-74　草床区表层水磷酸盐含量分布图

　　裸沙区夏季和秋季表层水磷酸盐平均含量均较低，差别不大（图 5-75）。其中夏季裸沙区表层水磷酸盐含量在 0.000~0.002 mg/L 之间，B4、B7 和 B8 站位含量都在 0.002 mg/L，B1 和 B2 站位未检出，其他站位都为 0.001 mg/L；秋季裸沙区表层水磷酸盐含量在 0.000~0.002 mg/L 之间，B3 和 B4 站位含量都在 0.002 mg/L，B1、B5、B7 和 B8 站位未检出，其他站位都为 0.001 mg/L。

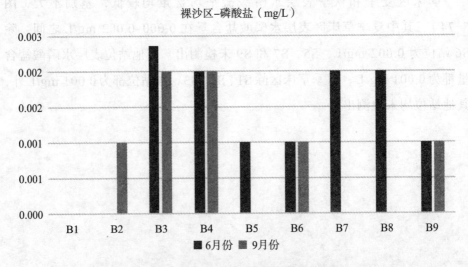

图 5-75　裸沙区表层水磷酸盐含量分布图

十一是表层水铵盐含量时空分布特征。

夏季（6月份）和秋季（9月份）海水环境中表层水铵盐平均含量，草床区都明显高于裸沙区。其中，夏季草床区表层水铵盐平均含量为 0.043 mg/L，裸沙区为 0.029 mg/L；秋季草床区表层水铵盐平均含量为 0.083 mg/L，裸沙区为 0.057 mg/L。

草床区夏季表层水铵盐平均含量明显低于秋季（图 5-76）。其中夏季草床区表层水铵盐含量在 0.012~0.133 mg/L 之间，最高值位于 S7 站位，为 0.133 mg/L；最低值位于 S5 站位，为 0.012 mg/L，除 S7 和 S9 站位表层水铵盐含量较高外，其他各站位铵盐含量差别较大。秋季草床区表层水铵盐含量在 0.006~0.183 mg/L 之间，最高值位于 S7 和 S8 站位，都为 0.183 mg/L；最低值位于 S5 站位，为 0.006 mg/L，各站位表层水铵盐含量差别较大。

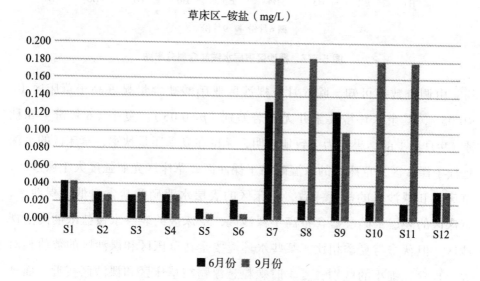

图 5-76　草床区表层水铵盐含量分布图

裸沙区夏季表层水铵盐平均含量明显低于秋季（图 5-77）。其中夏季裸沙区表层水铵盐含量在 0.003~0.134 mg/L 之间，最高值位于 B1 站位，为 0.134 mg/L；最低值位于 B3 站位，为 0.003 mg/L，除 B1 含量较高外，其他各站位表层水铵盐含量均小于 0.040 mg/L。秋季裸沙区铵盐含量在

0.006~0.215 mg/L 之间，最高值位于 B2 站位，为 0.215 mg/L；最低值位于 B3 站位，为 0.006 mg/L，除 B1、B2 含量较高外，其他各站位表层水铵盐含量均低于 0.030 mg/L。

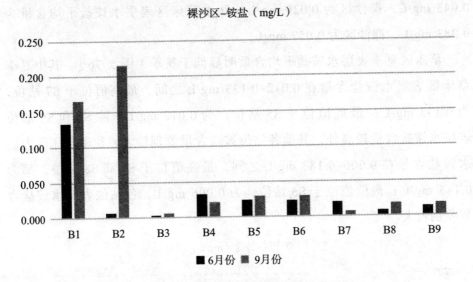

图 5-77　裸沙区表层水铵盐含量分布图

由调查数据可知，除 6 月份裸沙区亚硝酸盐含量显著高于草床区（$p<0.05$），其余水环境要素并无显著差别（$p>0.05$）。夏季（6 月份）和秋季（9 月份）的结果较为一致地表明，无论在夏季还是秋季，草床区的水深远浅于裸沙区，草床区的水温略高于裸沙区，草床区光照强度大于裸沙区，草床区和裸沙区的盐度一致，草床区的表层水亚硝酸盐含量低于裸沙区，草床区的表层水硝酸盐含量高于裸沙区，草床区的表层水铵盐浓度高于裸沙区。但秋季与夏季相比，某些水环境要素在草床区和裸沙区的数值相对大小也存在细小的区别，夏季时颗粒悬浮物在草床区和裸沙区接近，而秋季时颗粒悬浮物在草床区略大于裸沙区；夏季时草床区的溶解氧大于裸沙区，秋季时草床区溶解氧则小于裸沙区；夏季时草床区 pH 值略小于裸沙区，秋季时草床区 pH 值则略大于裸沙区；夏季时草床区和裸沙区的表层水磷酸盐浓度基本一致，而秋季时草床区的表层水磷酸盐浓度略低于裸沙区。

在草床区，从夏季到秋季，水深变浅，水温略微降低，光照明显增强，盐度增大，颗粒悬浮物略微减小，溶解氧明显增加，pH 值减小，表层水亚硝酸盐含量不变，表层水硝酸盐含量降低，表层水磷酸盐含量降低，表层水铵盐含量增加。在裸沙区，从夏季到秋季，水深略微增加，水温略微降低，光照明显增强，盐度稍有降低，颗粒悬浮物略微减少，溶解氧明显增加，pH 值减小，表层水亚硝酸盐含量减小，表层水硝酸盐含量减小，表层水磷酸盐含量不变，表层水铵盐含量明显增加。

5.2.4 底质环境要素特征

5.2.4.1 调查方法

于 2022 年夏季（6 月份）和秋季（9 月份）分别进行现场样品采集和测试，在海草床区域布设 12 个站位，在周边裸沙区布设 9 个站位，共计采集分析底质环境样品 42 份，测试间歇水营养盐指标包括间隙水亚硝酸盐含量（mg/L）、间隙水硝酸盐含量（mg/L）、间隙水磷酸盐含量（mg/L）、间隙水铵盐含量（mg/L）；测试沉积物指标包括有机质含量（g/kg）、全氮含量（%）、硫化物含量（%）、含水率（%）、孔隙度（%）、粒度（μm）、密度（g/cm³）、内摩擦角（°）、黏聚力（kPa）、容重（g/cm³）。

间隙水营养盐的测定。采用 Rhizon CSS 型土壤溶液取样器（19.21.24 F）采集海草床区域及其周边间隙水样品置于 50 mL 离心管，在 -20℃冰箱中冷冻保存。并参照《海洋监测规范 第 4 部分：海水分析》（GB 17378.4-2007）测定间隙水营养盐含量（mg/L）。

沉积物指标的测定。在海草床区域及周边分别采集 200 g 表层沉积物样品置于样品袋中，在 -20℃冰箱中冷冻保存，沉积物的相关指标根据《海洋调查规范 第 8 部分：海洋地质地球物理调查》（GB/T 12763.8-2007）进行，取出沉积物样品 50 g，放入烘箱中干燥 24 h 以上直至完全干燥，称重，以测定沉积物含水率。将干样研磨混匀后，使用 Beckman Coulter S13320 激光粒度仪测定沉积物粒度（介质为水，运行时间 60 s），取烘干的沉积物样品约 5 g 称重后在 LE4/11 型马弗炉（德国 NABERTHERM 公司）中 550℃下灼烧 5 h，称重，计算有机质含量。另取沉积物样品 100 g，采用环刀法进行海草床区域及其周边底质容重的测定，采用比重瓶法进行海草床区域及其周边底质密度的测定，并计算土壤孔隙度。

取剩余土壤测定土壤有机质、全氮含量、硫化物含量。采用元素分析仪进行海草床区域及其周边底质有机质、全氮和硫化物的测定。黏聚力和内摩擦角的测定采用贯入探头、贯入仪进行小型贯入强度试验来测定海草床区域及其周边底质贯入强度（硬度）。

5.2.4.2　间隙水营养盐环境特征

一是间隙水亚硝酸盐含量时空分布特征。

夏季（6月份）和秋季（9月份）间隙水环境中亚硝酸盐平均含量，草床区都明显高于裸沙区。其中，夏季草床区间隙水亚硝酸盐平均含量为0.040 mg/L，裸沙区为0.021 mg/L；秋季草床区间隙水亚硝酸盐平均含量为0.039 mg/L，裸沙区为0.019 mg/L。

草床区间隙水亚硝酸盐平均含量夏季略高于秋季，差别不大（图5-78）。其中夏季草床区间隙水亚硝酸盐含量在0.012~0.092 mg/L之间，最高值位于S4站位，为0.092 mg/L；最低值位于S5站位，为0.012 mg/L，除S2、S3和S4站位含量明显较高外，其他站位都在0.030 mg/L上下，差别不大。秋季草床区间隙水亚硝酸盐含量在0.014~0.071 mg/L之间，最高值位于S2站位，为0.071 mg/L；最低值位于S5站位，为0.014 mg/L，除S2、S3和S4站位含量明显较高外，其他站位都在0.050 mg/L以下。

草床区-亚硝酸盐（mg/L）

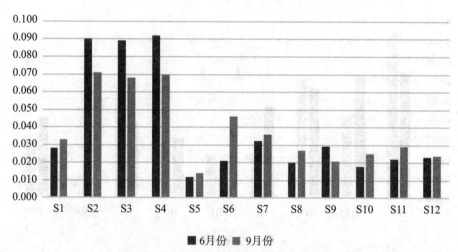

■ 6月份　■ 9月份

图 5-78　草床区间隙水亚硝酸盐含量分布图

　　裸沙区间隙水亚硝酸盐平均含量夏季略高于秋季，差别不大（图 5-79）。其中夏季裸沙区间隙水亚硝酸盐含量在 0.008~0.032 mg/L 之间，最高值位于 B1 站位，为 0.032 mg/L；最低值位于 B5 站位，为 0.008 mg/L，除 B5 和 B8 站位间隙水亚硝酸盐含量较低外，其他各站位含量差别不大。秋季裸沙区间隙水亚硝酸盐含量在 0.005~0.042 mg/L 之间，最高值位于 B1 站位，为 0.042 mg/L；最低值位于 B8 站位，为 0.005 mg/L，各站位间隙水亚硝酸盐含量存在一定差异。

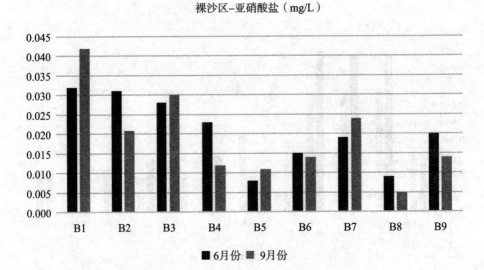

图 5-79　裸沙区间隙水亚硝酸盐含量分布图

二是间隙水硝酸盐时空分布特征。

夏季（6月份）和秋季（9月份）间隙水环境中硝酸盐平均含量，草床区都明显高于裸沙区。其中，夏季草床区间隙水硝酸盐平均含量为0.077 mg/L，裸沙区为0.049 mg/L；秋季草床区间隙水硝酸盐平均含量为0.087 mg/L，裸沙区为0.064 mg/L。

草床区间隙水硝酸盐平均含量夏季略低于秋季（图 5-80）。其中夏季草床区间隙水硝酸盐含量在 0.044~0.088 mg/L 之间，最高值位于 S7 站位，为 0.088 mg/L；最低值位于 S1 站位，为 0.044 mg/L，其他各站位差别不大。秋季草床区间隙水硝酸盐含量在 0.045~0.120 mg/L 之间，最高值位于 S10 站位，为 0.120 mg/L；最低值位于 S1 站位，为 0.045 mg/L，其他站位含量存在一定差异。

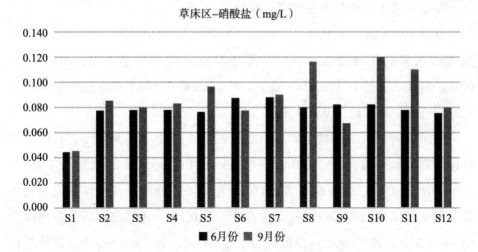

图 5-80 草床区间隙水硝酸盐含量分布图

　　裸沙区间隙水硝酸盐平均含量夏季低于秋季（图 5-81）。其中夏季裸沙区间隙水硝酸盐含量在 0.017~0.077 mg/L 之间，最高值位于 B4 站位，为 0.077 mg/L；最低值位于 B8 站位，为 0.017 mg/L，其他各站位含量存在一定的差异。秋季裸沙区间隙水硝酸盐含量在 0.042~0.080 mg/L 之间，最高值位于 B4 站位，为 0.080 mg/L；最低值位于 B8 站位，为 0.042 mg/L，其他站位含量差别不大。

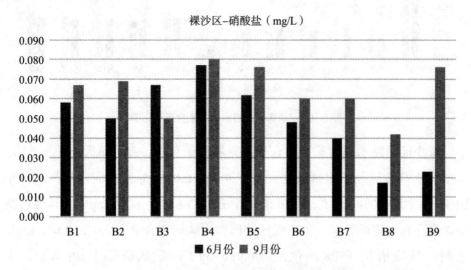

图 5-81 裸沙区间隙水硝酸盐含量分布图

三是间隙水磷酸盐含量时空分布特征。

夏季（6月份）和秋季（9月份）间隙水环境中磷酸盐平均含量，草床区都明显高于裸沙区。其中，夏季草床区间隙水磷酸盐平均含量为 0.032 mg/L，裸沙区为 0.016 mg/L；秋季草床区间隙水磷酸盐平均含量为 0.034 mg/L，裸沙区为 0.014 mg/L。

草床区间隙水磷酸盐平均含量夏季略低于秋季（图 5-82）。其中夏季草床区间隙水磷酸盐含量在 0.009~0.098 mg/L 之间，最高值位于 S1 站位，为 0.098 mg/L；最低值位于 S7 站位，为 0.009 mg/L，其他各站位差别不大。秋季草床区间隙水磷酸盐含量在 0.002~0.121 mg/L 之间，最高值位于 S1 站位，为 0.121 mg/L；最低值位于 S7 站位，为 0.002 mg/L，其他站位含量差别不大。

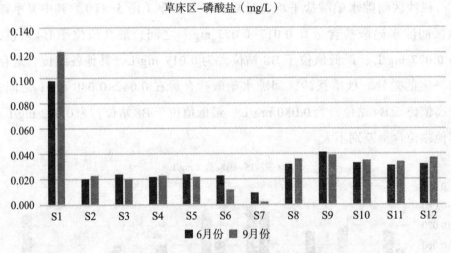

图 5-82　草床区间隙水磷酸盐含量分布图

裸沙区间隙水磷酸盐平均含量夏季略高于秋季，差别不大（图 5-83）。其中夏季裸沙区间隙水磷酸盐含量在 0.004~0.034 mg/L 之间，最高值位于 B8 站位，为 0.034 mg/L；最低值位于 B4 站位，为 0.004 mg/L，其他各站位含量存在一定的差异。秋季裸沙区间隙水磷酸盐含量在 0.002~0.030 mg/L 之间，最高值位于 B8 站位，为 0.030 mg/L；最低值位于 B9 站位，为 0.002 mg/L，其他各站位含量存在一定的差异。

裸沙区-磷酸盐（mg/L）

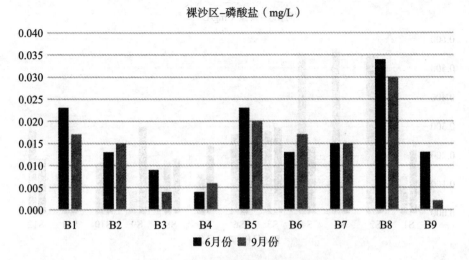

图 5-83　裸沙区间隙水磷酸盐含量分布图

四是间隙水铵盐含量时空分布特征。

夏季（6月份）和秋季（9月份）间隙水环境中铵盐平均含量，草床区都略高于裸沙区。其中，夏季草床区间隙水铵盐平均含量为 0.227 mg/L，裸沙区为 0.188 mg/L；秋季草床区间隙水铵盐平均含量为 0.282 mg/L，裸沙区为 0.160 mg/L。

草床区间隙水铵盐平均含量夏季略低于秋季，差别不大（图 5-84）。其中夏季草床区间隙水铵盐含量在 0.189~0.301 mg/L 之间，最高值位于 S9 站位，为 0.301 mg/L；最低值位于 S12 站位，为 0.189 mg/L，其他各站位差别不大。秋季草床区间隙水铵盐含量在 0.082~0.560 mg/L 之间，最高值位于 S3 站位，为 0.560 mg/L；最低值位于 S9 站位，为 0.082 mg/L，除 S2、S3、S4 站位含量较高外，其他站位含量差别不大。

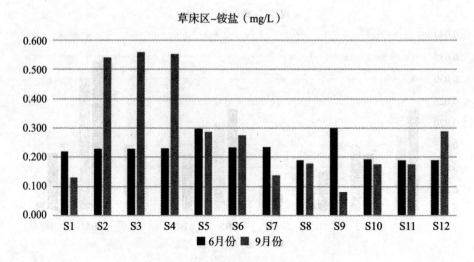

图 5-84　草床区间隙水铵盐含量分布图

　　裸沙区间隙水铵盐平均含量夏季略高于秋季，差别不大（图 5-85）。其中夏季裸沙区间隙水铵盐含量在 0.088~0.284 mg/L 之间，最高值位于 B2 站位，为 0.284 mg/L；最低值位于 B7 站位，为 0.088 mg/L，其他各站位含量存在一定的差异。秋季裸沙区间隙水铵盐含量在 0.048~0.326 mg/L 之间，最高值位于 B1 站位，为 0.326 mg/L；最低值位于 B8 站位，为 0.048 mg/L，其他各站位含量的差异不大。

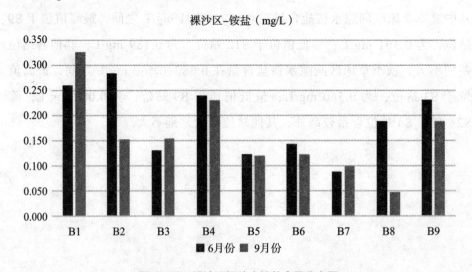

图 5-85　裸沙区间隙水铵盐含量分布图

于 2022 年 6 月和 9 月通过实地采样调查，确定曹妃甸海草床及其周边区域的间隙水营养盐要素。测定的底质要素包括间隙水亚硝酸盐含量（mg/L）、间隙水硝酸盐含量（mg/L）、间隙水磷酸盐含量（mg/L）、间隙水铵盐含量（mg/L）。

通过上述对比分析，6 月和 9 月草床区土壤间隙水硝酸盐含量显著高于裸沙区（$P<0.05$）。夏季和秋季的结果较为一致地表明，无论在夏季还是秋季，草床区的间隙水亚硝酸盐含量、间隙水硝酸盐含量、间隙水磷酸盐含量、间隙水铵盐含量均高于裸沙区。

在草床区，从夏季到秋季，间隙水亚硝酸盐含量略微降低，间隙水硝酸盐含量、间隙水磷酸盐含量、间隙水铵盐含量略微升高；在裸沙区，从夏季到秋季，间隙水亚硝酸盐含量降低，间隙水硝酸盐含量明显升高，间隙水磷酸盐含量略微降低，间隙水铵盐含量降低。

5.2.4.3 底质环境沉积物要素特征

一是有机质含量时空分布特征。

夏季（6 月份）和秋季（9 月份）底质环境中有机质平均含量，草床区都低于裸沙区。其中，夏季草床区有机质平均含量为 4.50 g/kg，裸沙区为 7.70 g/kg；秋季草床区有机质平均含量为 4.26 g/kg，裸沙区为 7.44 g/kg。

草床区底质环境中有机质平均含量夏季略高于秋季，差别不大（图 5-86）。其中夏季草床区有机质含量在 2.00~7.30 g/kg 之间，最高值位于 S1 站位，为 7.30 g/kg；最低值位于 S9 站位，为 2.00 g/kg，其他各站位差别不大。秋季草床区有机质含量在 2.70~7.30 g/kg 之间，最高值位于 S1 站位，为 7.30 g/kg；最低值位于 S9 站位，为 2.70 g/kg，其他站位含量差别不大。

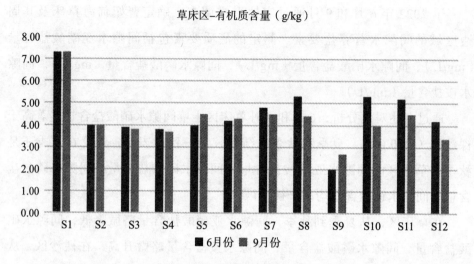

图 5-86 草床区底质环境有机质含量分布图

裸沙区底质环境中有机质平均含量夏季略高于秋季，差别不大（图
5-87）。其中夏季裸沙区有机质含量在 4.50~9.20 g/kg 之间，最高值位于
B1 站位，为 9.20 g/kg；最低值位于 B2 站位，为 4.50 g/kg，其他各站位
含量存在一定的差异。秋季裸沙区有机质含量在 4.50~10.50 g/kg 之间，最
高值位于 B1 站位，为 10.50 g/kg；最低值位于 B2 站位，为 4.50 g/kg，其
他各站位含量存在一定的差异。

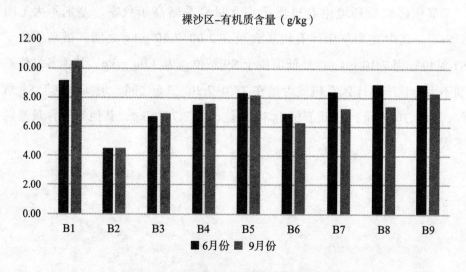

图 5-87 裸沙区底质环境有机质含量分布图

二是全氮含量的时空分布特征。

夏季（6月份）和秋季（9月份）底质环境中全氮平均含量，草床区都高于裸沙区。其中，夏季草床区全氮平均含量为 1.16%，裸沙区为 0.93%；秋季草床区全氮平均含量为 1.11%，裸沙区为 0.91%。

草床区底质环境中全氮平均含量夏季略高于秋季，差别不大（图5-88）。其中夏季草床区全氮含量在 0.80%~1.60% 之间，最高值位于 S9 站位，为 1.60%；最低值位于 S5 和 S6 站位，都为 0.80%，其他各站位差别不大。秋季草床区全氮含量在 0.70%~1.30% 之间，最高值位于 S2、S3、S4 站位，都为 1.30%；最低值位于 S1 站位，为 0.70%，其他站位含量差别不大。

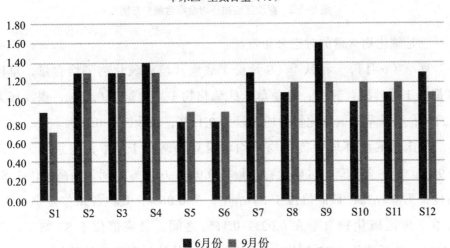

图 5-88　草床区底质环境全氮含量分布图

裸沙区底质环境中全氮平均含量夏季略高于秋季，差别不大（图5-89）。其中夏季裸沙区全氮含量在 0.70%~1.30% 之间，最高值位于 B3 站位，为 1.30%；最低值位于 B6 和 B9 站位，都为 0.70%，其他各站位差别不大。秋季裸沙区全氮含量在 0.70%~1.20% 之间，最高值位于 B7 站位，为 1.20%；最低值位于 B8 站位，为 0.70%，其他各站位差别不大。

裸沙区-全氮含量（%）

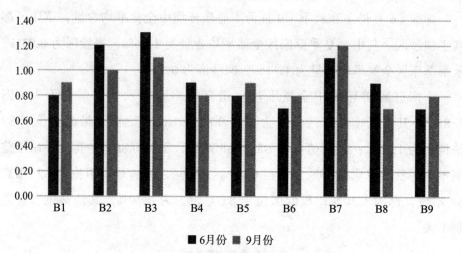

■ 6月份 ■ 9月份

图 5-89　裸沙区底质环境全氮含量分布图

三是硫化物含量的时空分布特征。

夏季（6月份）和秋季（9月份）底质环境中硫化物平均含量，草床区都低于裸沙区。其中，夏季草床区硫化物平均含量为 0.13%，裸沙区为 0.21%；秋季草床区硫化物平均含量为 0.12%，裸沙区为 0.22%。

草床区底质环境中硫化物平均含量夏季略高于秋季，差别不大（图 5-90）。其中夏季草床区硫化物含量在 0.06%~0.16% 之间，最高值位于 S5 站位，为 0.16%；最低值位于 S7 站位，为 0.06%，其他各站位差别不大。秋季草床区硫化物含量在 0.02%~0.16% 之间，最高值位于 S3 站位，为 0.16%；最低值位于 S7 站位，为 0.02%，其他站位含量差别不大。

草床区-硫化物含量（%）

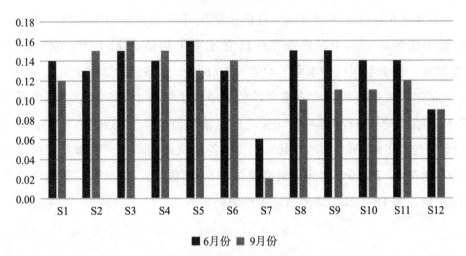

■6月份 ■9月份

图5-90 草床区底质环境硫化物含量分布图

裸沙区底质环境中硫化物平均含量夏季略低于秋季，差别不大（图5-91）。其中夏季裸沙区硫化物含量在0.13%~0.27%之间，最高值位于B2和B3站位，都为0.27%；最低值位于B4和B8站位，都为0.13%，其他各站位差别不大。秋季裸沙区硫化物含量在0.10%~0.31%之间，最高值位于B1站位，为0.31%；最低值位于B8站位，为0.10%，其他各站位差别不大。

裸沙区-硫化物含量（%）

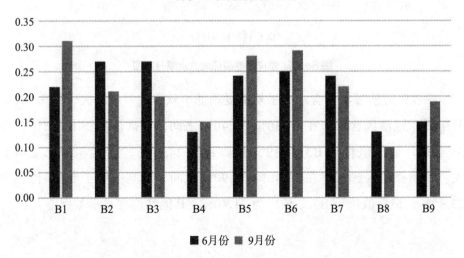

■6月份 ■9月份

图5-91 裸沙区底质环境硫化物含量分布图

四是含水率的时空分布特征。

夏季（6月份）和秋季（9月份）底质环境中含水率平均值，草床区都低于裸沙区。其中，夏季草床区含水率平均值为23.14%，裸沙区为22.70%；秋季草床区含水率平均值为26.63%，裸沙区为26.23%。

草床区底质环境中含水率平均值夏季低于秋季（图5-92）。其中夏季草床区含水率在18.40%~25.50%之间，最高值位于S1站位，为25.50%；最低值位于S5站位，为18.40%，其他各站位差别不大。秋季草床区含水率在18.70%~27.50%之间，最高值位于S1站位，为27.50%；最低值位于S5站位，为18.70%，其他站位含水率差别不大。

草床区-含水率（%）

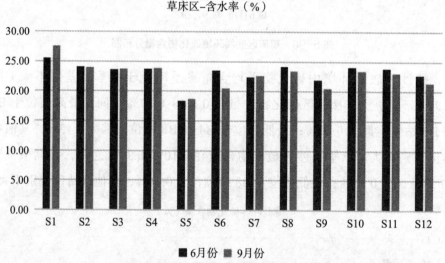

图5-92 草床区底质环境含水率分布图

裸沙区底质环境中含水率平均值夏季低于秋季，差别不大（图5-93）。其中夏季裸沙区含水率在24.30%~36.40%之间，最高值位于B2站位，为36.40%；最低值位于B5和B9站位，都为24.30%，其他各站位差别不大。秋季裸沙区含水率在21.40%~33.90%之间，最高值位于B2站位，为33.90%；最低值位于B7站位，为21.40%，其他站位含水率差别不大。

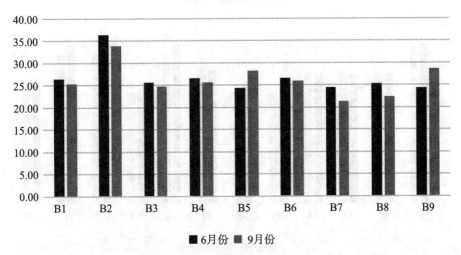

图 5-93 裸沙区底质环境含水率分布图

五是孔隙度的时空分布特征。

夏季（6月份）和秋季（9月份）底质环境中孔隙度平均值，草床区都低于裸沙区。其中，夏季草床区孔隙度平均值为 69.03%，裸沙区为 85.97%；秋季草床区孔隙度平均值为 85.97%，裸沙区为 84.34%。

草床区底质环境中孔隙度平均值夏季略高于秋季，差别不大（图 5-94）。其中夏季草床区孔隙度在 57.20%~80.90% 之间，最高值位于 S1 站位，为 80.90%；最低值位于 S5 站位，为 57.20%，其他各站位差别不大。秋季草床区孔隙度在 56.10%~79.40% 之间，最高值位于 S1 站位，为 79.40%；最低值位于 S5 站位，为 56.10%，其他站位差别不大。

草床区-孔隙度（%）

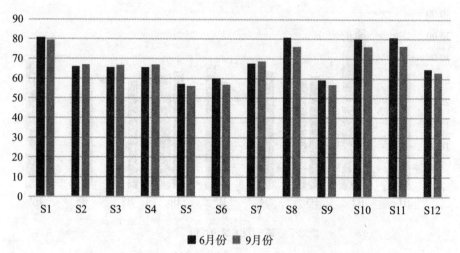

图 5-94　草床区底质环境孔隙度分布图

　　裸沙区底质环境中孔隙度平均值夏季略高于秋季，差别不大（图 5-95）。其中夏季裸沙区孔隙度在 80.20%~93.20% 之间，最高值位于 B2 站位，为 93.20%；最低值位于 B4 站位，为 80.20%，其他各站位差别不大。秋季裸沙区孔隙度在 72.40%~94.40% 之间，最高值位于 B2 站位，为 94.40%；最低值位于 B1 站位，为 72.40%，其他站位差别不大。

裸沙区-孔隙度（%）

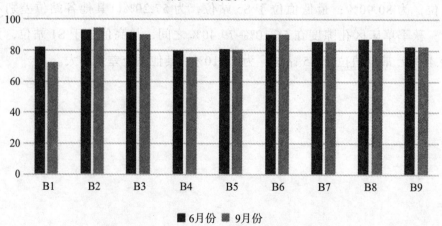

图 5-95　裸沙区底质环境孔隙度分布图

六是粒度的时空分布特征。

夏季（6月份）和秋季（9月份）底质环境中粒度平均值，草床区都高于裸沙区。其中，夏季草床区粒度平均值为237.69 μm，裸沙区为216.74 μm；秋季草床区粒度平均值为233.38 μm，裸沙区为215.09 μm。

草床区底质环境中粒度平均值夏季略高于秋季，差别不大（图5-96）。其中夏季草床区粒度在183.90~271.20 μm之间，最高值位于S9站位，为271.20 μm；最低值位于S6站位，为183.90 μm，其他各站位差别不大。秋季草床区粒度在179.20~249.20 μm之间，最高值位于S9站位，为249.20 μm；最低值位于S6站位，为179.20 μm，其他站位差别不大。

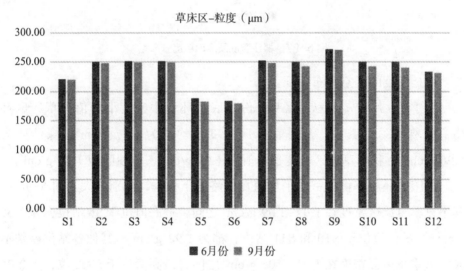

草床区-粒度（μm）

■ 6月份　■ 9月份

图5-96　草床区底质环境粒度分布图

裸沙区底质环境中粒度平均值夏季略高于秋季，差别不大（图5-97）。其中夏季裸沙区粒度在190.40~258.40 μm之间，最高值位于B2站位，为258.40 μm；最低值位于B5站位，为190.40 μm，其他各站位差别不大。秋季裸沙区粒度在183.40~260.40 μm之间，最高值位于B2站位，为260.40 μm；最低值位于B5站位，为183.40 μm，其他站位差别不大。

裸沙区−粒度（μm）

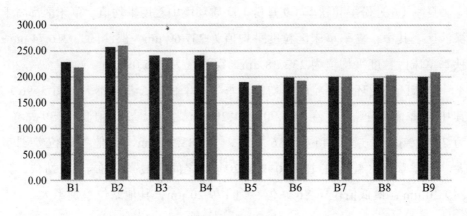

图 5-97 裸沙区底质环境粒度分布图

七是密度的时空分布特征。

夏季（6月份）和秋季（9月份）底质环境中密度平均值，草床区都略高于裸沙区。其中，夏季草床区密度平均值为 1.97 g/cm³，裸沙区为1.90 g/cm³；秋季草床区密度平均值为 1.99 g/cm³，裸沙区为 1.89 g/cm³。

草床区底质环境中密度平均值夏季略低于秋季，差别不大（图 5-98）。其中夏季草床区密度在 1.92~2.09 g/cm³ 之间，最高值位于 S6 站位，为 2.09 g/cm³；最低值位于 S10 和 S11 站位，都为 1.92 g/cm³，其他各站位差别不大。秋季草床区密度在 1.91~2.05 g/cm³ 之间，最高值位于 S9 站位，为 2.05 g/cm³；最低值位于 S1 站位，为 1.91 g/cm³，其他站位差别不大。

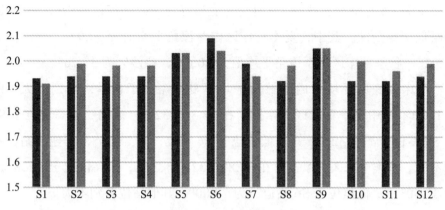

图 5-98 草床区底质环境密度分布图

裸沙区底质环境中密度平均值夏季略高于秋季，差别不大（图 5-99）。其中夏季裸沙区密度在 1.83~1.99 g/cm³ 之间，最高值位于 B1 站位，为 1.99 g/cm³；最低值位于 B2、B6 和 B8 站位，都为 1.83 g/cm³，其他各站位差别不大。秋季裸沙区密度在 1.86~1.94 g/cm³ 之间，最高值位于 B1 站位，为 1.94 g/cm³；最低值位于 B2 站位，为 1.86 g/cm³，其他站位差别不大。

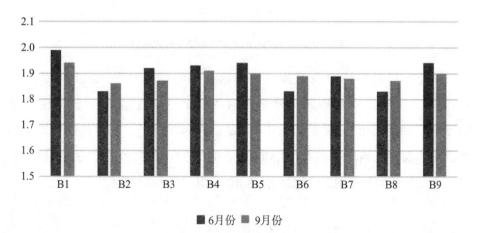

图 5-99 裸沙区底质环境密度分布图

八是内摩擦角的时空分布特征。

夏季（6月份）和秋季（9月份）底质环境中内摩擦角平均值，草床区都略低于裸沙区。其中，夏季草床区内摩擦角平均值为30.94°，裸沙区为31.02°；秋季草床区内摩擦角平均值为30.68°，裸沙区为31.76°。

草床区底质环境中内摩擦角平均值夏季略高于秋季，差别不大（图5-100）。其中夏季草床区内摩擦角在28.30°~32.30°之间，最高值位于S3和S9站位，都为32.30°；最低值位于S6站位，为28.30°，其他各站位差别不大。秋季草床区内摩擦角在28.80°~32.40°之间，最高值位于S9站位，为32.40°；最低值位于S6站位，为28.80°，其他站位差别不大。

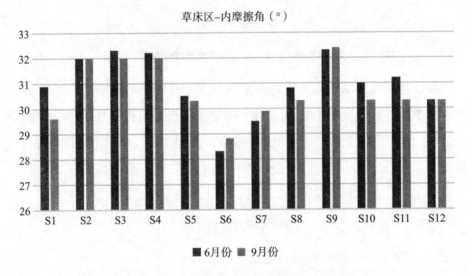

图5-100　草床区底质环境内摩擦角分布图

裸沙区底质环境中内摩擦角平均值夏季略低于秋季，差别不大（图5-101）。其中夏季裸沙区内摩擦角在27.80°~34.40°之间，最高值位于B9站位，为34.40°；最低值位于B1站位，为27.80°，其他各站位差别不大。秋季裸沙区内摩擦角在28.40°~35.90°之间，最高值位于B3站位，为35.90°；最低值位于B2站位，为28.40°，其他站位差别不大。

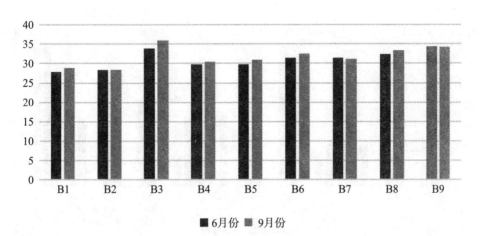

图 5-101　裸沙区底质环境内摩擦角分布图

九是黏聚力的时空分布特征。

夏季（6 月份）和秋季（9 月份）底质环境中黏聚力平均值，草床区都高于裸沙区。其中，夏季草床区黏聚力平均值为 10.00 kPa，裸沙区为 7.56 kPa；秋季草床区黏聚力平均值为 9.75 kPa，裸沙区为 8.00 kPa。

草床区底质环境中黏聚力平均值夏季略高于秋季，差别不大（图 5-102）。其中夏季草床区内黏聚力在 6~20 kPa 之间，最高值位于 S12 站位，为 20 kPa；最低值位于 S2、S3、S4、S6 站位，都为 6 kPa，其他各站位差别不大。秋季草床区黏聚力在 5~20 kPa 之间，最高值位于 S5 和 S12 站位，都为 20 kPa；最低值位于 S2、S3、S4 站位，都为 5 kPa，其他站位差别不大。

草床区-粘聚力（kPa）

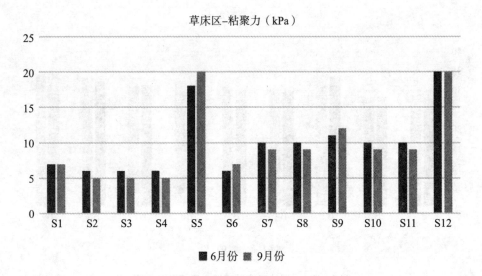

6月份　9月份

图5-102　草床区底质环境黏聚力分布图

　　裸沙区底质环境中黏聚力平均值夏季略低于秋季，差别不大（图5-103）。其中夏季裸沙区黏聚力在3~10 kPa之间，最高值位于B1和B2站位，都为10 kPa；最低值位于B5站位，为3 kPa，其他各站位差别不大。秋季裸沙区黏聚力在3~13 kPa之间，最高值位于B1站位，为13 kPa；最低值位于B5站位，为3 kPa，其他站位差别不大。

裸沙区-粘聚力（kPa）

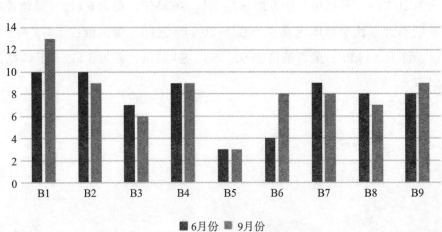

6月份　9月份

图5-103　裸沙区底质环境黏聚力分布图

十是容重的时空分布特征。

夏季（6月份）和秋季（9月份）底质环境中容重平均值，草床区都略低于裸沙区。其中，夏季草床区容重平均值为 2.63 g/cm³，裸沙区为 2.68 g/cm³；秋季草床区容重平均值为 2.66 g/cm³，裸沙区为 2.67 g/cm³。

草床区底质环境中容重平均值夏季略低于秋季，差别不大（图5-104）。其中夏季草床区容重在 2.61~2.66 g/cm³ 之间，最高值位于 S11 站位，为 2.66 g/cm³；最低值位于 S2、S4 站位，都为 2.61 g/cm³，其他各站位差别不大。秋季草床区容重在 2.64~2.69 g/cm³ 之间，最高值位于 S6 站位，为 2.69 g/cm³；最低值位于 S8、S10、S11 站位，都为 2.64 g/cm³，其他站位差别不大。

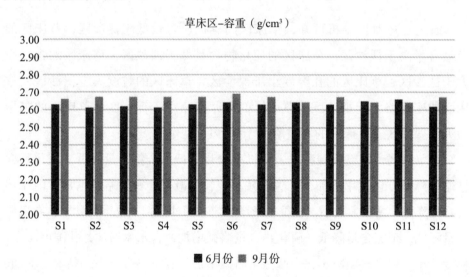

图 5-104　草床区底质环境容重分布图

裸沙区底质环境中容重平均值夏季略高于秋季，差别不大（图5-105）。其中夏季裸沙区容重在 2.62~2.72 g/cm³ 之间，最高值位于 B2、B5 站位，都为 2.72 g/cm³；最低值位于 B9 站位，为 2.62 g/cm³，其他各站位差别不大。秋季裸沙区黏聚力在 2.63~2.70 g/cm³ 之间，最高值位于 B2、B5 站位，都为 2.70 g/cm³；最低值位于 B8 站位，为 2.63 g/cm³，其他各站位差别不大。

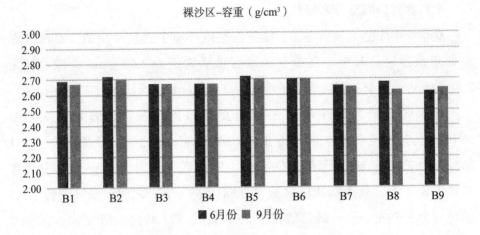

图 5-105　裸沙区底质环境容重分布图

通过上述对比分析可知，草床区的有机质含量低于裸沙区，草床区的全氮含量高于裸沙区，草床区的硫化物含量低于裸沙区，草床区的含水率大于裸沙区，草床区的孔隙度小于裸沙区，草床区的粒度大于裸沙区，草床区的密度略大于裸沙区，草床区的内摩擦角小于裸沙区，草床区的黏聚力大于裸沙区，草床区的容重略小于裸沙区。

在草床区，从夏季到秋季，有机质含量降低，全氮含量降低，硫化物含量略微降低，含水率增加，孔隙度减小，粒度减小，密度略微增加，内摩擦角略微降低，黏聚力减小，容重略微增加。在裸沙区，从夏季到秋季，有机质含量降低，全氮含量降低，硫化物含量略微增加，含水率增加，孔隙度减小，粒度减小，密度略微减小，内摩擦角略微增加，容重略微减小，黏聚力增加。

5.2.5　生态环境对海草床的影响分析

通过调查曹妃甸海草床和周边区域的水环境要素和底质环境要素，发现两个区域的水环境差异并不大，而底质环境差异较大。草床区的间隙水营养盐含量更高，更有利于海草生长；草床区的底质含水率和密度更高，孔隙度都更低，表明其底质更为密实，具有更强的固定性，可提高海草抗水流能力；草床区的有机质含量和硫化物含量更低，表明其底质环境良好，更有利于海草生长存活。

　　对曹妃甸海域海草生物学特征和环境因子、底质环境因子进行斯皮尔曼等级相关（Spearman's rank correlation）分析，研究不同季节（6月份和9月份）生态环境因子对海草床的影响。

5.2.5.1　6月份海草水环境与生物学特征相关性分析

　　2022年6月份海草水环境与海草生物特征的斯皮尔曼等级相关性分析（图5-106），结果显示叶片数与水温呈现显著的负相关关系，平均节间直径与水深呈现显著的正相关关系（$p < 0.01$），其他水环境指标对海草生态特征无显著影响。

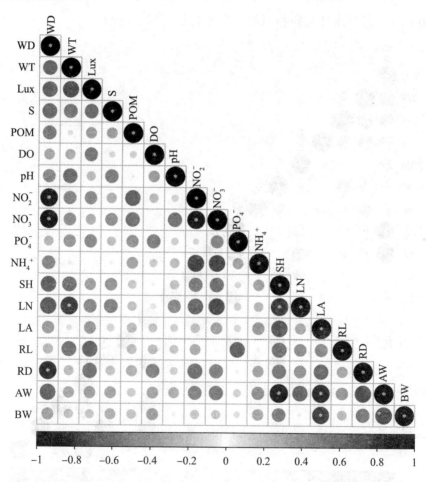

图5-106　6月份水环境与海草生物学特征相关性

　　图5-106和图5-107中，各字母代表的含义如下所示：水深（WD）、

水温（WT）、光照强度（Lux）、盐度（S）、颗粒悬浮物（POM）、溶解氧（DO）、酸碱度（pH 值）、亚硝酸盐含量（NO_2^-）、硝酸盐含量（NO_3^-）、磷酸盐含量（PO_4^-）、铵盐含量（NH_4^+）、植株高度（SH）、叶片数（LN）、单株叶面积（LA）、根茎长（RL）、平均节间直径（RD）、单株地上干重（AW）和单株地下干重（BW）。* 代表 $p<0.01$。

5.2.5.2　9月份海草水环境与生物学特征相关性分析

2022 年 9 月份海草水环境与海草生物特征的斯皮尔曼等级相关性分析（图 5-107），结果显示叶片数与亚硝酸盐含量呈现显著的正相关关系（$p<0.01$），其他水环境指标对海草生态特征无显著影响。

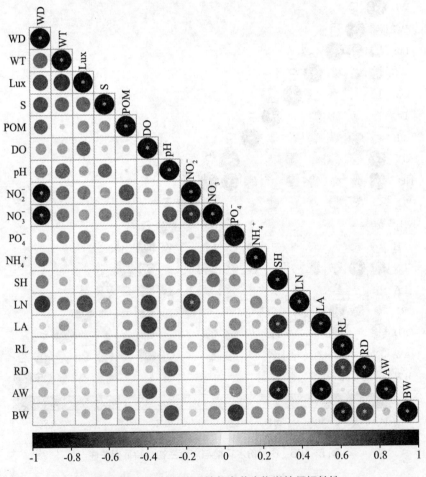

图 5-107　9 月份水环境与海草生物学特征相关性

5.2.5.3　6月份海草底质环境与生物学特征相关性分析

2022年6月份海草底质环境与海草生物特征的斯皮尔曼等级相关性分析（图5-108），结果显示海草植株高度与沉积物黏聚力有显著的正相关关系，海草叶片数与沉积物黏聚力有显著的负相关关系（$P<0.01$），其他底质环境指标对海草生态特征无显著影响。

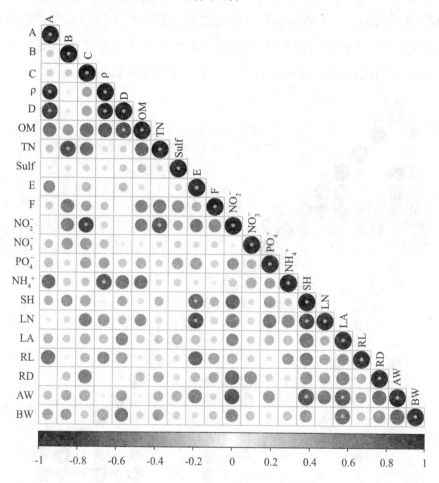

图5-108　6月份底质环境与海草生物学特征相关性

图5-108和图5-109中，各字母表示的含义如下：底质含水率（A）、底质粒度（B）、容重（C）、底质密度（ρ）、孔隙度（D）、有机质含量（OM）、全氮含量（TN）、硫化物含量（Sulf）、黏聚力（E）、内摩擦角（F）、亚硝酸盐含量（NO_2^-）、硝酸盐含量（NO_3^-）、磷酸盐含量（PO_4^-）、

铵盐含量（NH₄⁺）、植株高度（SH）、叶片数（LN）、单株叶面积（LA）、根茎长（RL）、平均节间直径（RD）、单株地上干重（AW）和单株地下干重（BW）。* 代表 $p<0.01$。

5.2.5.4　9月份海草底质环境与生物学特征相关性分析

2022 年 9 月份海草底质环境与海草生物特征的斯皮尔曼等级相关性分析（图 5-109），结果显示海草叶片数与沉积物内摩擦角有显著的负相关关系，海草叶片数与沉积物间隙水亚硝酸盐含量有显著的负相关关系（$p<0.01$），其他底质环境指标对海草生态特征无显著影响。

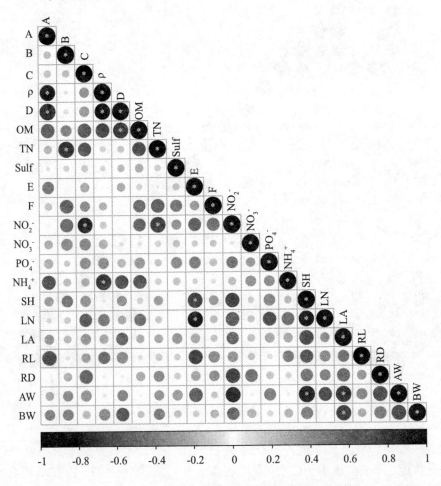

图 5-109　9 月份底质环境与海草生物学特征相关性

5.2.5.5 小结

综合上述分析，6月份影响海草生长的主要水环境因素为水温和水深，9月份影响海草生长的主要水环境因素为亚硝酸盐含量；6月份影响海草生长的主要底质环境因素为沉积物黏聚力，9月份影响海草生长的主要底质环境因素为沉积物内摩擦角以及亚硝酸盐含量。

5.2.6 海草床生长的主要胁迫

海草生长会受到多种环境因子的影响，如水温、水深、间隙水营养盐含量和底质黏聚力、内摩擦角等因子都会对海草的生长产生正面或负面的作用。例如，在海草生长初期水温升高有利于海草生长，当超过一定温度时，反而会限制海草生长，并且水温对海草各项生态指标影响并不一致，如植株密度与水温呈正相关关系，而株高等形态学特征与水温呈现倒"U"型关系，可以推测海草在面临过高水温时通过增加植株密度，减小植株体型来适应不利环境。海水深度对水层的透光率产生影响，当透光率小于34%后，会成为海草生长的胁迫；间隙水中的营养盐含量也会对海草床的生长产生影响，在贫营养条件下，营养盐含量会限制海草的生长，然而过量的营养物质也会导致海草床的退化；暴露于碱性海水环境中的海草，随着pH值的增加生长被抑制，降低了海草生产力。

从水环境因子分析，水温影响生物的生理生化过程，是控制海草存活与生长的关键因素，对于季节性海草的生长发挥着重要作用：首先水温通过影响植株的光合作用，进而影响植株的生长；其次，水温可以调节植株叶片的气孔闭合及光合色素含量，进而调节植株的呼吸作用及光合作用，最终影响植物生长。水深对于海草接收光照影响显著，海水越深，光线衰减越多，越不利于海草的光合作用。从6月到9月，水深变化不显著，海水水温呈现先上升再下降的趋势，9月海草床海水水温低于6月，此时水温不再是海草生长的主要胁迫，此时海水中亚硝酸盐含量成了海草生长的主要胁迫。

从底质环境因子分析，影响海草生长的主要底质环境因素为沉积物黏聚力和内摩擦角等物理因子，底质的黏聚力和内摩擦角会影响海草在海底的固着与扩繁。在 6 月份，环境适宜的情况下，其他底质因子对海草生长无显著影响；到 9 月份，随着生长环境逐渐变差，底质间隙水中亚硝酸盐含量逐渐成为海草生长的一个胁迫。

此外，曹妃甸海域受人类活动影响显著，人类活动影响的日渐加剧，海域环境条件发生了明显变化。近年来，在曹妃甸及周边水域进行的大规模围填海、石油开采、挖沙等都对当地环境造成了巨大的影响，此外大量的违法捕捞活动（如泵吸式挖贝），以及大量地笼网的布设使海草资源正在不断地衰退。

6 海草床碳储量及固碳潜力评估

6.1 海草床碳储量评估

海草床具有多种重要的生态功能，尤其是固碳功能。固碳是指增加除大气之外的碳库碳含量的措施，也就是通过碳的埋藏与固定来减少大气中二氧化碳的含量，因此这一过程可以减缓全球气候变化。尽管海草床占据的面积不到全世界海洋面积的 0.2%，但是其储碳能力却不容小觑。已有研究表明，每平方千米海草可以容纳约 83000 t 碳，这个数值是典型森林生态系统的 2 倍以上，且海草床固碳速率是森林的 10~50 倍。曹妃甸鳗草海草床是我国温带目前发现最大的连续性海草床，对其进行碳储量摸底调查对于搞清我国碳储量"碳家底"具有重要的意义。

6.1.1 取样站位布设

本次调查时间为 2022 年 7 月，根据遥感影像与现场调查，目前曹妃甸鳗草海草床总面积约为 42.75 km²，可划分为密集区、较密集区、一般区、较稀疏区、稀疏区五个分区，其中密集区面积为 5.60 km²、较密集区面积为 5.53 km²、一般区面积为 8.04 km²、较稀疏区面积为 8.02 km²、稀疏区面积为 15.56 km²。本次调查站位同海草床生态环境特征调查草床区设置的站位。其中密集区分布 3 个站位、较密集区分布 4 个站位、一般区分布 2 个站位、较稀疏区分布 1 个站位、稀疏区分布 2 个站位。

6.1.2 材料与方法

海草床碳库由生物量碳库、凋落物碳库和沉积物碳库组成。

生物量碳库包括地上生物量碳储量、地下生物量碳储量，及附生生物量碳储量；地上生物指海草地上部分如叶片、叶鞘、花和果实；地下生物指海草地下部分如根状茎和根；附生生物指着生在海草地上部分上的藻类及其他生物。凋落物指海草床生态系统中脱落死亡的叶片、叶鞘、茎、根、花和果实等；凋落物碳库是指凋落物碳储量。沉积物指海草床生活区域底质土壤；沉积物碳库是指沉积物碳储量。

6.1.2.1 海草样品采集与测试

2022 年 7 月，使用 25 cm×25 cm 样方框采集海草植株样本，每站位采集 3 组重复（图 6-1）。

现场采集的鳗草样品先放入做好标记的密封袋内，低温保存后，尽快带到实验室进行进一步的处理。将样方内所有海草植株完整取出，用水（本项目采用实验室的纯净水）冲洗，统计植株数量，计算植株密度（m^{-2}），随后刮去海草表面附着物后冲洗干净，将海草植株地上与地下部分分离，于 60℃恒温烘干至恒重后称量样品干重。（图 6-2 和图 6-3）。随后取适量样品于均质仪中研磨，使用元素分析仪测定有机碳含量。

图 6-1 样方采集和样品处理

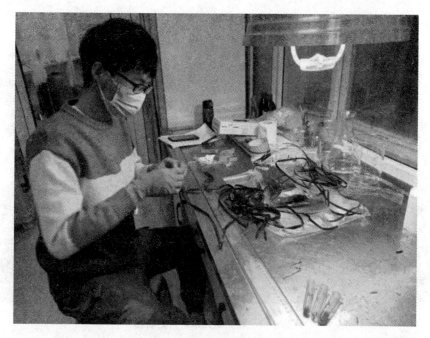

图 6-2 实验室处理海草样品

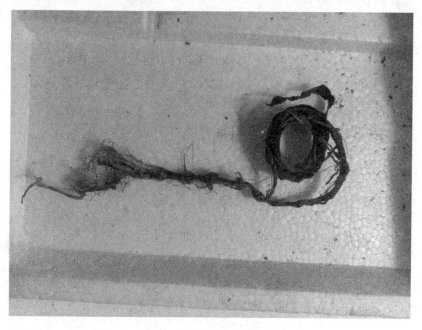

图 6-3 烘干的海草样品

6.1.2.2 叶片附着物样品采集和测试

2022年7月对样方中海草典型附着物进行拍照记录（图6-4）。

图6-4 曹妃甸海草叶片附着物

为对附着物碳储量测定，使用刀片和棉签刮取叶片表面的附着物，装入称重好的离心管，带回实验室分析。在实验室中将附着物样品置于干燥箱60℃烘干（图6-5），直至恒重，记录干重，计算海草附着物生物量。随后取适量样品于均质仪中研磨，使用元素分析仪测定有机碳含量。

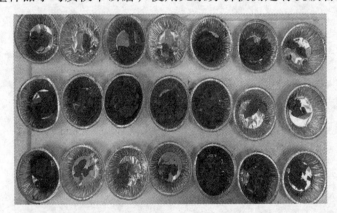

图6-5 曹妃甸海草叶片附着物烘干样品

6.1.2.3 凋落物样品采集和测试

在2022年6月28日，在每个站点使用25 cm×25 cm样方框采集海草样本（3组重复），海草样本按照不同组织分开，置于干燥箱60℃烘干。同时在北部和南部各选取2个站点额外选取茎节长≥5 cm、叶片数3~4片的20株海草植株采用齐曼叶标记技术对植株进行标记（用1 mm注射器针头在植株叶鞘顶上扎一个孔），并且在根状茎末端采用金线做标记，实验用植株应去除老叶、高株、矮株以及侧枝（图6-6）。

图6-6　标记法估算海草的凋落物

随后将标记好的海草固定25 cm×25 cm的格网上，每个站点三组重复，每组标记20株海草，按照一定顺序记录每株海草的叶片数，最后将格网放置在海区中（图6-7）。

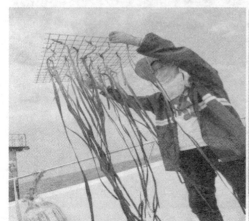

图6-7　标记法＋框架法估算海草的凋落物

将标记后的海草植株绑缚在网格上并投放到海里约 20~30 天后，将格网取回，按照顺序记录每株海草的总叶片数和新生叶片数（图 6-8）。

图 6-8　海草凋落物标记、投放和采集

6.1.2.4　沉积物样品采集和测试

沉积物取样地点与海草取样站点一致，采用 SDI 柱状采泥器采集，采样深度一般为 100 cm（图 6-9 和图 6-10）。

图 6-9　SDI 柱状采泥器采样作业

图 6-10　柱状样采集

　　将柱状样品置于电冰箱中冷冻带回实验室，50 cm 以上柱状样按照每段长度为 10 cm 进行切割，50 cm 以下的样品切割中心位置（图 6-11）。

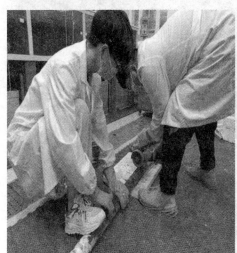

图 6-11　切割柱状样品

　　取适量样品测定沉积物粒径。使用 100 cm³ 环刀取样后记录湿重，随后置于多功能干燥箱烘干至恒重，称量样品干重（图 6-12）。取适量样品于 0.1 mol/L 的 HCl 中酸化，去除无机碳的影响，经多次超纯水水洗后烘干，使用元素分析仪测定有机碳含量（图 6-13）。

图6-12　烘干、研磨的沉积物柱状样品

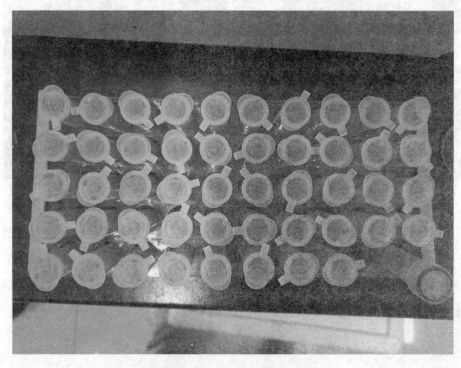

图6-13　待测的沉积物样品

6.1.2.5 数据分析

植物组织、附着物、凋落物碳储量均按照以下公式计算

$$C_{abo} = \sum_{i=1}^{n} \omega C_{org,i} \times M_{sp,i} \times S_i \div S_{sp,i} \times 100$$

式中，C_{abo} 为地上生物量碳储量（MgC，兆克碳。兆克碳是指单位质量为 1 兆克的纯碳的质量。）；$\omega C_{org,i}$ 为第 i 个海草分区样方植物组织、附着物、凋落物有机碳质量分数（%）；$M_{sp,i}$ 为第 i 个海草分区样方内植物组织、附着物、凋落物干重（g）；$S_{sp,i}$ 为第 i 个海草分区植物样方面积（m²）；S_i 为第 i 个海草分区的面积（ha）。

植物总碳储量为地上部分和地下部分碳储量的总和。

沉积物碳储量按照以下公式计算

$$C_{sed} = \sum_{i=1}^{n} C_{col,i} \times S_i \times 100$$

其中，

$$C_{col,i} = \sum_{j=1}^{i} \omega C_{som,j} \times \rho_j \times H_j$$

式中，C_{sed} 为沉积物碳储量（MgC）；$C_{col,i}$ 为 100 cm 或实际调查深度的柱状样有机碳含量（g/cm²）；$\omega C_{som,j}$ 为第 j 层沉积物有机碳质量分数（%）；ρ_j 为第 j 层沉积物容重（g/cm³）；H_j 为第 j 层沉积物厚度（cm），第 1 至第 5 层厚度为 10 cm，第 6 层厚度为 50 cm 或 50 cm 以上的样品实际厚度。

6.1.3 海草植株碳储量评估

曹妃甸海草床鳗草地上和地下组织生物量均随着站点不同波动很大（图 6-14），其中鳗草地上组织生物量最大值出现在 1 号站位，最小值出现在 4 号站位，最大值和最小值分别为 330.24 ± 15.88 g DW/m² 和 123.16 ± 17.94 g DW/m²；鳗草地下组织生物量最大值出现在 1 号站位，最小值出现在 4 号站位，最大值和最小值分别为 191.24 ± 11.14 g DW/m² 和 64.97 ± 7.49 g DW/m²。

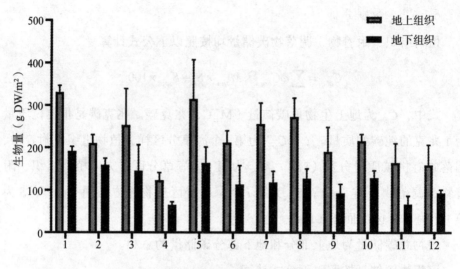

图 6-14　曹妃甸各站位海草组织单位面积生物量

　　曹妃甸海草床鳗草地上和地下组织碳密度均随着站点不同波动很大（图 6-15），其中鳗草地上组织碳密度最大值出现在 1 号站位，最小值出现在 4 号站位，最大值和最小值分别为 1.14 ± 0.05 MgC/ha 和 0.44 ± 0.04 MgC/ha；鳗草地下组织碳密度最大值出现在 1 号站位，最小值出现在 4 号站位，最大值和最小值分别为 0.69 ± 0.10 MgC/ha 和 0.24 ± 0.03 MgC/ha。

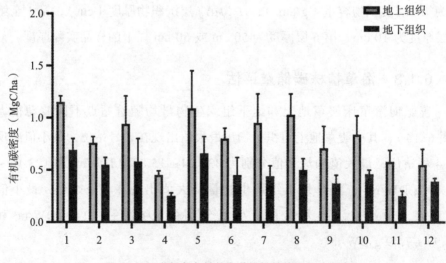

图 6-15　曹妃甸各站位海草组织单位面积碳密度

曹妃甸海草床鳗草植株总碳密度随着站点的不同差异很大，其最大值出现在 1 号站位，最小值出现在 4 号站位，最大值和最小值分别为 1.84 ± 0.15 MgC/ha 和 0.70 ± 0.05 MgC/ha（图 6-16）。

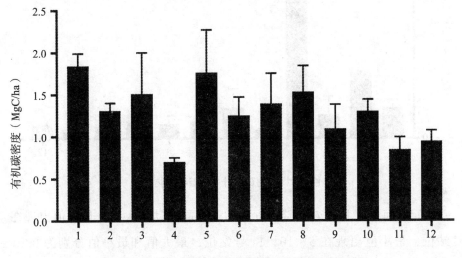

图 6-16　曹妃甸各站位海草植株总单位面积碳密度

经计算，曹妃甸海草植株总的碳储量为 4917.70 ± 811.23 MgC。其中，稀疏区由于面积最大，碳储量为 1191.74 ± 154.05 MgC；密集区、较密集区、一般区和较稀疏区碳储量分别为 788.83 ± 216.92 MgC、766.13 ± 192.65 MgC、1167.10 ± 71.07 MgC、1003.90 ± 176.54 MgC。

6.1.4　叶片附着物碳储量评估

曹妃甸海草床鳗草叶片附着物生物量在不同站点差异很大，其最大值出现在 4 号站位，最小值出现在 11 号站位，最大值和最小值分别为 105.57 ± 36.44 g DW/m² 和 4.72 ± 2.48 g DW/m²（图 6-17）。

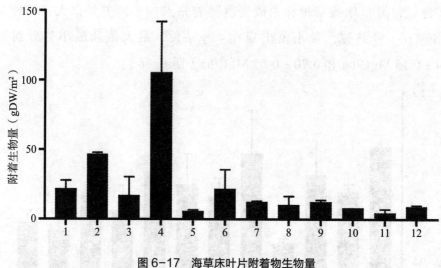

图 6-17　海草床叶片附着物生物量

曹妃甸海草叶片附着物碳密度随站点不同波动很大，其最大值出现在 4 号站位，最小值出现在 5、10、11 号站位，最大值和最小值分别为 0.20 ± 0.01 MgC/ha 和 0.02 ± 0.00 MgC/ha、0.02 ± 0.00 MgC/ha、0.02 ± 0.01 MgC/ha（图 6-18）。

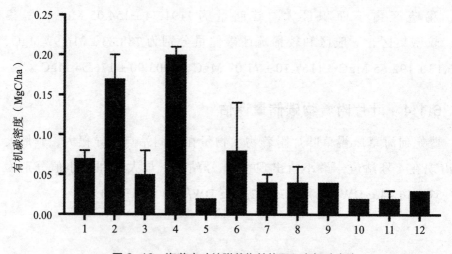

图 6-18　海草床叶片附着物单位面积有机碳密度

经计算，曹妃甸海草叶片附着物总的碳储量为 330.10 ± 298.56 MgC。其中，稀疏区由于面积最大，碳储量为 167.27 ± 195.48 MgC；密集区、较密集区、一般区和较稀疏区碳储量分别为 23.96 ± 13.91 MgC、34.65 ± 39.38 MgC、38.19 ± 3.22 MgC、66.03 ± 46.57 MgC。

6.1.5 凋落物碳储量评估

7月份调查共设置凋落物样方框 12 个，剔除其中死亡个体。计算得出其中北部区域凋落叶片数为 1.77 片 /shoot，南部区域凋落叶片数为 1.63 片 /shoot，以 2022 年 6 月采集样品老叶为计算标准得出草床叶片凋落物生物量如图 6-19 所示。曹妃甸海草床鳗草植株凋落物生物量最大值出现在 10 号站位，最小值出现在 7 号站位，最大值和最小值分别为 439.20 ± 118.75 g DW/m² 和 94.44 ± 55.51 g DW/m²。

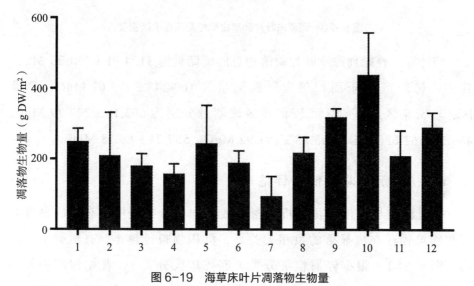

图6-19　海草床叶片凋落物生物量

曹妃甸海草床鳗草凋落物碳密度随着不同站点，变化很大（图 6-20），总碳密度最大值出现在 10 号站位，最小值出现在 7 号站位，最大值和最小值分别为 1.66 ± 0.30 MgC/ha 和 0.33 ± 0.16 MgC/ha。

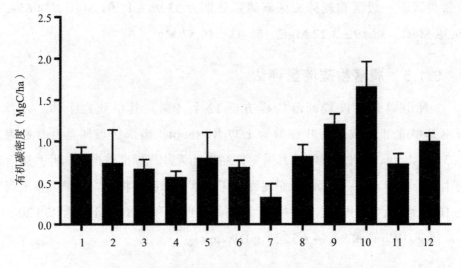

图 6-20 海草床叶片凋落物单位面积有机碳密度

经计算，曹妃甸海草叶片凋落物总的碳储量为 3124.91 ± 724.28 MgC。其中，稀疏区由于面积最大，碳储量为 1004.48 ± 175.67 MgC；密集区、较密集区、一般区和较稀疏区碳储量分别为 693.18 ± 227.29 MgC、466.16 ± 62.62 MgC、403.88 ± 191.92 MgC、557.21 ± 66.78 MgC。

6.1.6 沉积物碳储量评估

中值粒径与单位体积有机碳密度线性回归分析表明，有机碳密度与沉积物粒径存在极显著的负相关关系，沉积物粒径越小，有机碳密度越高（图 6-21）。根据碎屑粒级分类（温德华氏分类），曹妃甸沉积物涵盖中砂（0.05~0.25 mm）、细砂（0.25~0.125 mm）、极细砂（0.125~0.063 mm）、粉砂（0.063~0.004 mm），差异较大。最大中值粒径为297.80 μm，出现在 6 站点的 0~10 cm 深度；最小中值粒径为 47.37 μm，出现在 9 站点的 10~20 cm 深度。

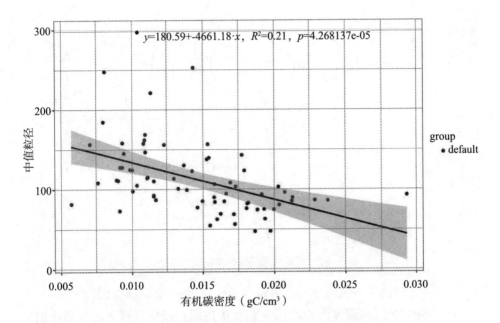

图 6-21　各层中值粒径与单位体积有机碳密度线性回归分析

　　深度在 50 cm 以内的沉积物中，不同深度沉积物单位面积有机碳密度存在差异，且其随深度变化趋势各异（图 6-22）。其中最大值为 146.60 MgC/ha，出现在 12 站位的 50~100 cm 深度，最小值为 7.04 MgC/ha，出现在 5 站 20~30 cm 深度。

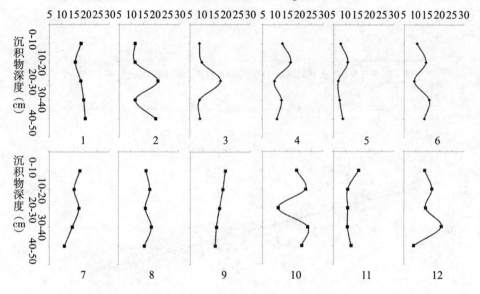

图6-22　沉积物不同深度单位面积碳密度

注：1~12分别表示1~12号海草床监测站位；单位：MgC/ha，横轴为沉积物深度（cm）

对于50~100 cm深度沉积物，沉积物单位面积碳密度最大值和最小值分别为146.60 MgC/ha和28.59 MgC/ha，分别为12站位和10站位（图6-23）。

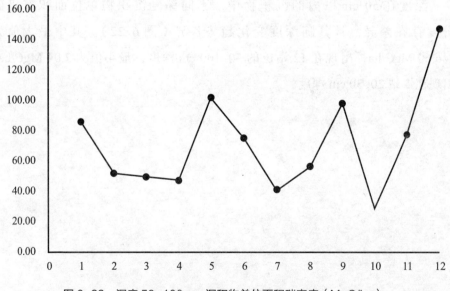

图6-23　深度50~100 cm沉积物单位面积碳密度（MgC/ha）

经计算，曹妃甸沉积物总的碳储量为 571799.07 ± 95221.43 MgC。其中，稀疏区由于面积最大，碳储量为 192853.43 ± 28399.17 MgC；密集区、较密集区、一般区和较稀疏区碳储量分别为 91124.73 ± 17394.08 MgC、87749.84 ± 23468.91 MgC、88947.14 ± 6914.98 MgC、111123.93 ± 19044.29 MgC。

6.1.7　海草床生态系统总碳储量评估

各站位海草床碳密度汇总结果显示，沉积物对碳密度贡献值最大，植株和凋落物的贡献次之，叶片附着物贡献最低。总碳密度最高值出现在 12 站位，最低值出现在 3 站位，分别为 223.48 MgC/ha 和 106.78 MgC/ha。

各分区海草床碳储量汇总，曹妃甸海草床总的碳储量为 580171.78 ± 94735.85 MgC。其中，稀疏区由于面积最大，碳储量为 195216.92 ± 28533.42 MgC；密集区、较密集区、一般区和较稀疏区碳储量分别为 92630.69 ± 17241.58 MgC、89016.79 ± 23364.91 MgC、90556.31 ± 6648.77 MgC、112751.07 ± 18947.17 MgC。

6.1.8　研究结论

经计算，河北省海草床总的碳储量为 580171.78 ± 94735.84 MgC。其中，沉积物对总碳储量贡献最大，为 571799.07 ± 95221.43 MgC；植株和凋落物碳储量的贡献次之，分别为 4917.70 ± 811.22 MgC 和 3124.91 ± 724.29 MgC；叶片附着物碳储量贡献最低，为 330.10 ± 298.56 MgC，几乎可以忽略。

6.2　海草床固碳潜力评估

海草床正在遭受巨大的威胁，自 20 世纪以来，全球海草床每年以 1.5% 的速度衰退，并且这一衰退趋势在近年来还在加剧。据估计，在 20 世纪初已知存在的海草中，有 29% 已经消失，取而代之的是没有植被的松散的泥土或沙土。海草床的衰退不仅减少了其固碳能力，更会导致固定在原先环境中的碳重新回到大气中，造成额外的碳负担。因此了解海草床固碳能力和固碳潜力具有重要的生态意义。

6.2.1　材料与方法

海草床的碳汇能力主要通过海草床初级生产力与植物组织降解量的差值来进行核算。

海草床初级生产力的核算方法，采用齐曼叶标记技术，即用细针扎孔标记海草的叶片，经过一段时间的生长后，测量新生长的生物量，根据间隔时间即可算出海草初级生产力在地上和地下部分的生物量增加量。

植物组织降解量的核算方法，采用网袋埋藏法，选择低潮时采集海草凋落物（包括叶片和根茎），于实验室冲洗，除去叶片和根茎上的附着物以及积泥，挑选生长状况相似的老叶和老根，室温下晾置两天；使用网袋（规格长×宽为 25 cm×15 cm，网目大小 1 mm）平均分装晾干的老叶和根茎，扎进网口后重新放回原取样地。其中叶片保持在海水中漂浮，根茎埋藏在 20 cm 底泥中，以模拟真实的海洋降解环境。逐月调查降解袋中海草组织降解情况。

6.2.1.1　站位布设

本研究选取 S5、S6、S8、S10 四个站点为试点，研究海草床初级生产力的变化；选取 S3、S8 两个区域研究海草组织自然降解速率。于 2022 年6 月份开始调查，分别记录 7 月、8 月、9 月三个月份海草床的初级生产力和降解速率。

6.2.1.2　初级生产力调查内容与方法

每个站点原位选取茎节长 ≥ 5 cm，叶片 3~4 片的 20 株海草植株采用齐曼叶标记技术对植株进行标记，并且在根状茎末端采用金线做标记，实验用植株应去除老叶、高株、矮株以及侧枝，以研究海草初级生产力情况（图 6-24、图 6-25）。

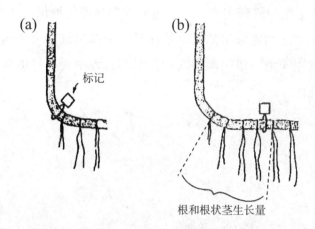

图 6-24　植物生长标记

图 6-25　海草床齐曼叶标记技术及初级生产力测定

6.2.1.3　植物组织降解率调查内容与方法

夏季是植株叶片凋落高峰期（图 6-26），在此期间收集状态较好的凋落老叶用于地上组织降解实验，采集过程中要尽可能地保证叶片的完整性；与此同时，在生态调查采集的海草植株样品中选取健康个体摘取第六茎节之后的老茎节用于地下组织降解实验，采集过程中要尽可能地保证茎节的完整性。

图 6-26　海面飘荡的凋落叶片

　　将采集的鳗草样品装入采样袋中带回实验室处理（图 6-27）。在实验室里将鳗草样品进行清洗，去除其上附着的杂质残留，用吸水纸分别吸取叶片和根茎的水分，室内晾干两天后称取各部分的重量，作为初始干重。

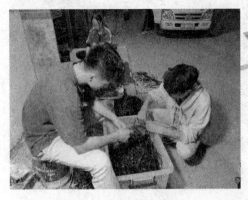

图 6-27　实验室内处理海草样品

之后将 5 g 的叶片和根茎分别放入同一降解网袋中，将袋口封闭，放置于自然环境中：叶片置于采样地点的海域中，根茎置于采样地点的底泥（地面以下 20 cm）中，每隔一个月左右将其取出一次，以同样的方法称取叶片和根茎的重量，作为该时间的干重（图 6-28）。

图 6-28　海草组织自然降解网袋测定

6.2.1.4　数据分析

运用 Excel 和 SPSS 25.0 对海草形态学特征等相关指标进行统计分析，运用 OriginLab 2021、Excel、Graphpad Prism8 进行数据分析并拟合海草组织降解自然速率。实验数据用平均值 ± 标准误差表示。

6.2.2 海草初级生产力

6.2.2.1 实验总结与初级生产力估算

海草床地上组织和地下组织的初级生产力随时间变化较大（图6-29），地上初级生产力显著高于地下部分，且地上部分和地下部分呈现相同的变化趋势，其中地上部分生长最高值出现在7月，最低值出现在8月；地下部分生长最高值出现在9月，最低值出现在8月，存在一定的差异，与水温呈现一定的相关性。

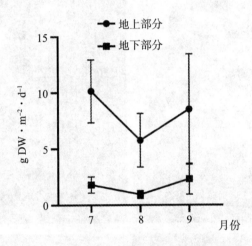

图6-29　海草床初级生产力月度变化图

6.2.2.2 初级生产力评估预测模型

海草床初级生产力随着时间的波动较大，7月份地上生产力2.61 g DW·m^{-2}·d^{-1}，单位面积地下生产力0.46 g DW·m^{-2}·d^{-1}；8月份单位面积地上生产力1.28 g DW·m^{-2}·d^{-1}，单位面积地下生产力0.21 g DW·m^{-2}·d^{-1}；9月份单位面积地上生产力2.71 g DW·m^{-2}·d^{-1}，单位面积地下生产力0.74 g DW·m^{-2}·d^{-1}，地下生产力与地上生产力比值在0.16~0.28之间波动。

将各月单位面积每天叶片生长面积与地上生产力进行拟合，得到7月单位面积每天叶片生长面积与地上生产力关系为：$y=6.6979x-2.281$（图6-30）（图6-30、图6-31、图6-32及所关联的方程中，x为单株每天生长叶面积，*y* 为单株地上每天生长量）；8 月单位面积每天叶片生长面积与地上生产力关系为：$y=6.4861x-0.5152$（图 6-31）；9 月单位面积每天叶片生长面积与地上生产力关系为：$y=6.2447x-1.0391$（图 6-32）。

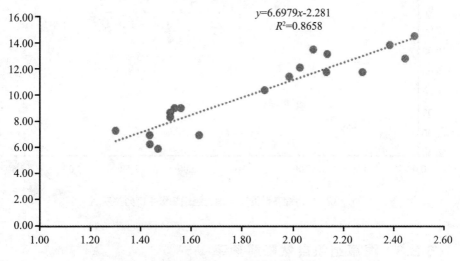

7月叶面积与地上生产力拟合关系

$y=6.6979x-2.281$
$R^2=0.8658$

图 6-30　7 月海草叶面积与地上组织初级生产力关系图

图 6-30、图 6-31、图 6-32 中，横轴为单株每天生长叶面积（$cm^2 \cdot shoot^{-2} \cdot d^{-1}$），纵轴为单株地上每天生长量（$g\,DW \cdot m^{-2} \cdot d^{-1}$）。

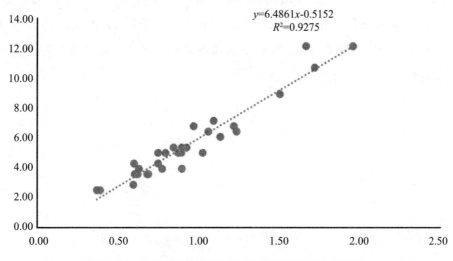

8月叶面积与地上生产力拟合关系

$y=6.4861x-0.5152$
$R^2=0.9275$

图 6-31　8 月海草叶面积与地上组织初级生产力关系图

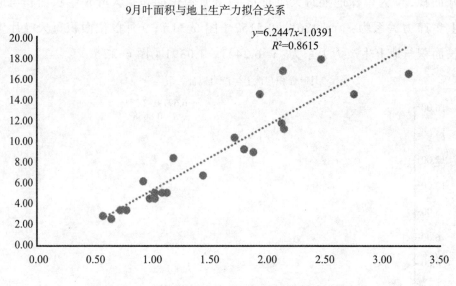

图 6-32　9月海草叶面积与地上组织初级生产力关系图

6.2.3　海草组织自然降解速率

本次调查共计设置两处实验地点。分别为 3、8 站位。通过在海区放置装有海草组织的降解网袋，将本地区海草组织降解曲线拟合如下：3 号站位叶片质量留存率 $y=100\mathrm{e}^{-0.01x}$（图 6-33）；8 号站位叶片质量留存率 $y=100\mathrm{e}^{-0.005x}$（图 6-34）；3 号站位根茎质量留存率 $y=100\mathrm{e}^{-0.008x}$（图 6-35）；8 号站位根茎质量留存率 $y=100\mathrm{e}^{-0.005x}$（图 6-36）（图 6-33 至图 6-40 及相关公式中，y 为质量留存率；x 为鳗草植株的降解天数）。海草组织降解呈现先快后慢的指数型趋势。

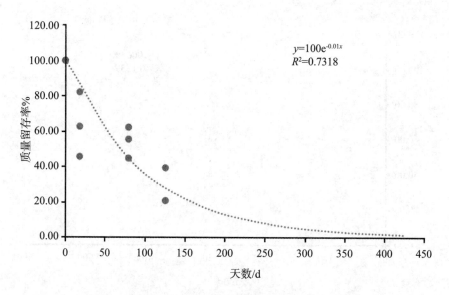

图 6-33　3 号站位海草床叶片降解曲线

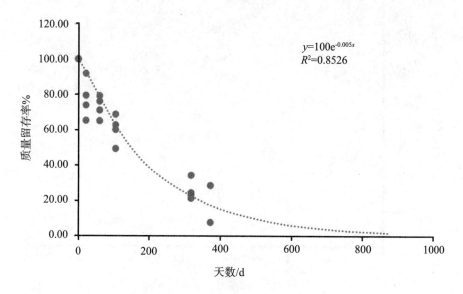

图 6-34　8 号站位海草床叶片降解曲线

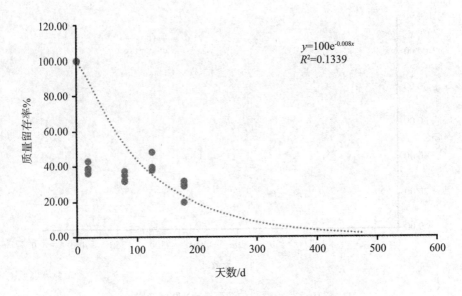

图 6-35　3 号站位海草床根茎降解曲线

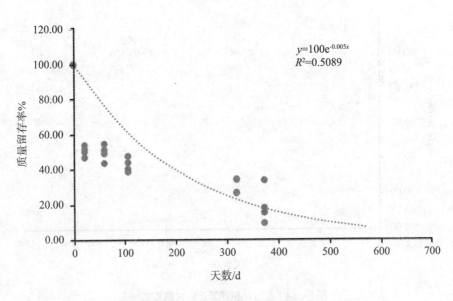

图 6-36　8 号站位海草床根茎降解曲线

6.2.4　海草床生态系统固碳潜力分析

海草床增汇主要由其初级生产固定的碳和其凋落物分解释放碳的差值

来决定,因而海草床增汇潜力主要由海草初级生产力以及凋落物降解速率两个指标组成。

根据对曹妃甸海区植物组织降解数据拟合的衰减曲线,将一年划分为12个月,以每年7月份作为基准,对海草留存率进行估算。其中3号站位叶片质量留存率 $y=100e^{-0.01x}$(图6-37);8号站位叶片质量留存率 $y=100e^{-0.005x}$(图6-38);3号站位根茎质量留存率 $y=100e^{-0.008x}$(图6-39);8号站位根茎质量留存率 $y=100e^{-0.005x}$(图6-40)。降解趋势呈现先快后慢的趋势,这是因为鳗草植株最先流失的为可溶性糖以及容易分解的淀粉类物质,在这一时段鳗草植株有较快的降解速率,后来剩下的大部分是不容易降解的纤维素、木质素等物质,降解速率下降并趋于平缓。根据3号站位拟合降解曲线可知,到第二年7月止,本年度7月地上部分质量留存率为2.73%,地下部分质量留存率为5.61%;8月地上部分质量留存率为3.69%,地下部分质量留存率为7.14%;9月地上部分质量留存率为4.98%,地下部分质量留存率为9.07%。根据8号站位拟合降解曲线可知,到第二年7月止,本年度7月地上部分质量留存率为16.53%,地下部分质量留存率为16.53%;8月地上部分质量留存率为19.20%,地下部分质量留存率为19.20%;9月地上部分质量留存率为22.31%,地下生物量留存率为22.31%。

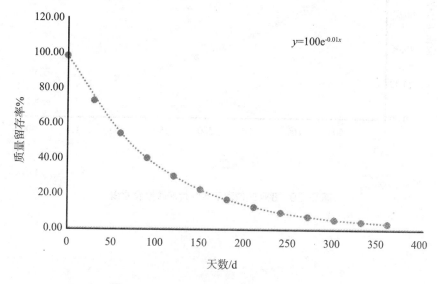

图6-37 3号站位海草床叶片降解拟合曲线

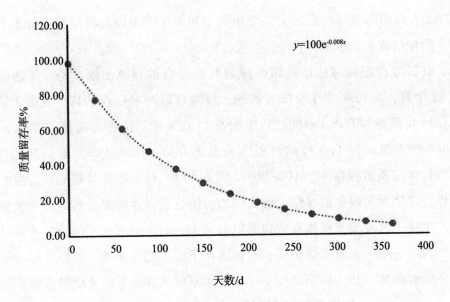

$y=100e^{-0.008x}$

图 6-38　3 号站位海草床根茎降解拟合曲线

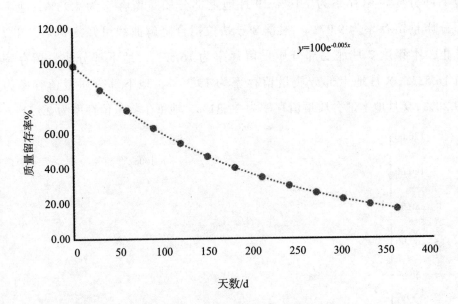

$y=100e^{-0.005x}$

图 6-39　8 号站位海草床叶片降解拟合曲线

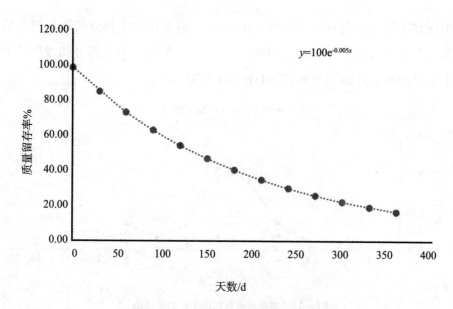

图6-40　8号站位海草床根茎降解拟合曲线

6.2.5　研究结论

海草床增汇主要由其初级生产固定的碳和其凋落物分解释放碳的差值来决定，因而海草床增汇潜力主要由海草初级生产力，以及凋落物降解速率两个指标组成。

6.2.5.1　初级生产力

根据7、8、9月份曹妃甸海草床单位面积初级生产力研究结果与海草床生态特征的季节变动情况，7月单位面积每天叶片生长面积与地上生产力关系为：$y=6.6979x-2.281$（x 为单株每天生长叶面积，y 为单株地上每天生长量，下同）；8月单位面积每天叶片生长面积与地上生产力关系为：$y=6.4861x-0.5152$；9月单位面积每天叶片生长面积与地上生产力关系为：$y=6.2447x-1.0391$。

根据初级生产力研究结果，结合历史研究资料估算出2022年曹妃甸海草床全年单位面积初级生产力（图6-41）。其中6月份海草床初级生产力最高，1月份海草床初级生产力最低。海草床地上部分初级生产力最大值出现在6月份，为8.47 g DW·m^{-2}·d^{-1}；海草床地上部分初级生产力最小值出现在 1 月份，为 0.20 g DW·m^{-2}·d^{-1}。海草床地下部分初级生产力最大值出现在 4 月份，为 1.47 g DW·m^{-2}·d^{-1}；海草床地上部分初级生产力最小值出现在 2 月份，为 0.17 g DW·m^{-2}·d^{-1}。

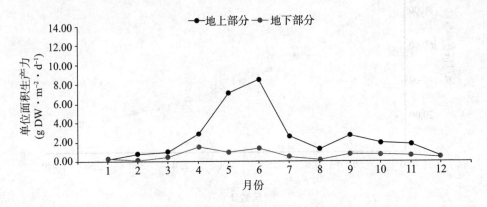

图 6-41　海草床各月初级生产力折线图

6.2.5.2　降解速率

海草组织降解结果表明海草组织降解速率趋势呈现先快后慢的趋势，3 号站位叶片留存率 $y=100\mathrm{e}^{-0.01x}$；8 号站位叶片留存率 $y=100\mathrm{e}^{-0.005x}$；3 号站位根茎留存率 $y=100\mathrm{e}^{-0.008x}$；8 号站位根茎留存率 $y=100\mathrm{e}^{-0.005x}$。

按照 3 号站位降解曲线估算，7 月份单位面积地上生产量留存 3.90 g DW·m^{-2}，单位面积地下生产量留存 1.25 g DW·m^{-2}；8 月份单位面积地上生产量留存 1.42 g DW·m^{-2}，单位面积地下生产量留存 0.45 g DW·m^{-2}；9 月份单位面积地上生产量留存 2.22 g DW·m^{-2}，单位面积地下生产量留存 1.25 g DW·m^{-2}。按照 8 号站位降解曲线估算，7 月份单位面积地上生产量留存 17.47 g DW·m^{-2}，单位面积地下生产量留存 3.08 g DW·m^{-2}；8 月份单位面积地上生产量留存 7.37 g DW·m^{-2}，单位面积地下生产量留存 1.21 g DW·m^{-2}；9 月份单位面积地上生产量留存 13.44 g DW·m^{-2}，单位面积地下生产量留存 3.67 g DW·m^{-2}。

6.2.5.3　海草床的碳汇潜力

以每年 7 月份为碳储量调查基准，根据降解曲线来设定降解系数（其中一年以上按一年时间计算降解系数），以曹妃甸海草床海草组织降解曲线为基准，估算得出 2022 年曹妃甸海草床地上部分增汇 1659.29 MgC，地下部分增汇 569.19 MgC，总共可以增汇 2228.48 MgC。

7 不同类型蓝碳生态系统修复技术研究

7.1 海滨盐沼生态系统修复技术研究

根据资料收集和前期调查成果，将河北省滨海湿地划分为三种不同类型，即海兴湿地、南大港湿地、黄骅湿地、曹妃甸湿地为典型的滨海淤泥质盐沼；滦河口湿地为典型的滨海沙淤交汇区河口湿地；昌黎黄金海岸湿地和北戴河湿地为典型的滨海沙质河口、潟湖湿地。

7.1.1 滨海淤泥质盐沼生态修复技术集成

根据滨海淤泥质盐沼的特点，采取"排盐增渗、积雨缓栽"为主，以增加土壤渗透性，控水排盐，栽植高耐盐适生苗木为主线的修复模式。结合土壤含盐量和水源类型，将湿地划分为水域低盐咸区、水域高盐咸区和湿地陆域区三种修复区，分别提出整治修复技术。

7.1.1.1 滨海淤泥质盐沼的主要特点

滨海淤泥质盐沼具有地下水位高、土质粘重、含盐量高、地下水矿化度高、渗透性极差、淡水区植被覆盖度高、咸水区植被无法存活等特点。

一是地下水位高：地下水埋深一般在 1.0~1.5 m 之间。

二是土质黏重：曹妃甸生态城青龙河东岸原状土春季取样分析可知，土壤固相 55%、液相 34%、气相 11%，土壤容重在 1.6~1.8 g/cm³。固相偏高，液相适宜，气相偏低，表明该土壤孔隙度偏低，土质黏重，不利于植物根系生长。

三是含盐量高：土壤全盐含量一般在 10.0 g/kg 以上，高的地域达到 30.0~40.0 g/kg。

四是地下水矿化度高：平均矿化度在 11.8~33.7 g/L。

五是渗透性极差：在曹妃甸国际生态城青龙河岸进行淡水洗盐试验时观测的结果是 24 小时水入渗深度仅 1.2 cm 左右，单纯的灌水洗盐不能起到任何效果。

六是淡水区植被覆盖度高，咸水区植被无法存活。

7.1.1.2 生态修复技术集成

根据滨海淤泥质盐沼特点，参照已有修复案例和修复效果，对修复技术进行筛选和集成，形成如下滨海淤泥质盐沼修复技术。

一是分区修复。

根据区域土壤含盐量和水源类型，对湿地进行划分，分为水域低盐咸区、水域高盐咸区和湿地陆域区，各区采用不同修复技术。

水域低盐咸区是指土壤全盐含量一般在 6 g/kg 以下，地表现在或以往利用淡水进行水产养殖、稻田开发和储蓄淡水等区域。主要采用"水系连通 + 削峰填谷 + 控水排盐 + 耐盐植被"的修复模式。

首先，根据地势进行排水沟渠建设，连通淡水渠道。其次，进行微地形整理，形成相对高低错落，落差在 0.2 m~1.0 m 之间，利于降雨排出和后续压盐操作。再次，尽快引进淡水浸泡洗盐压盐，一般直接建立水层，不排出洗盐后的淡水。如无淡水供给，可利用自然降雨进行局部集中，然后分区分步的方式构建水层。最后，当建立水层含盐量保持在 4 g/kg 以下时，可以进行芦苇、水烛等水生植物栽植。栽植方式以团簇为主，在水层深度 0~10 cm 位置为宜。

水域高盐咸区是指土壤全盐含量在 6 g/kg 以上，地表以往用海水进行水产养殖或晒盐等区域。主要采用"排盐蓄淡 + 削峰填谷 + 先锋植被 + 梯次推进"的修复模式。

修复技术参照水域低盐咸区，主要区别在于以下几点：

首先，建设排水沟渠后，尽可能排出积聚咸水，并设法阻断咸水倒灌。

其次，连通淡水渠道。如有淡水供给，及时连通淡水渠道，引进淡水，浸泡土壤洗盐压盐。如需迅速建立植被，必须选择排出洗盐后的淡水进行使用。再次，为充分利用淡水资源，一般浸泡洗盐时间建议在15天以上。如无淡水供给，可利用自然降雨进行局部集中，然后分区分阶段地进行洗盐淋盐。最后，当建立水层含盐量持续保持在4 g/kg以下后，可以进行芦苇、水烛等水生植物栽植。栽植方式以团簇为主，在水层深度0~10 cm位置为宜。

湿地陆域区对湿地环境服务功能同样重要，是修复工程的难点。湿地陆域环境承载着域内全部乔木、灌木、草木生长，同时为生态环境向顶级演化提供着重要的支撑作用，更是陆域动物的重要栖息地，植被修复需求非常迫切，由于淡水资源的相对缺乏和盐分积累，也导致此类区域植被修复异常困难。主要采用以下修复模式。

（1）进行本底调查。对土壤全盐含量、周边水质、植被群落进行调查，明确本底数据。如现在或以后环境水为海水，不建议做任何植被修复，因为此类环境没有植被修复所需的必备条件。

（2）进行植被品种收集保存。由于乡土植物在当地环境中经过多年的筛选进化，其环境适应能力显著高于外来物种，因此，搜集保留当地优势种尤为重要。河北省各湿地优势种参考本项目调查数据。

（3）进行水源调配。如周边环境有淡水资源供给，可开挖灌水沟渠，引水至陆域附近，作为淡水洗盐压盐之用。如无淡水来源，可考虑进行集雨或微咸水利用。由于盐沼土壤黏度较大，渗水性差，非常适合集雨蓄水。

（4）绘制湿地陆域土壤全盐含量分布图。湿地陆域环境与滨海重盐碱地极为相似，高盐的盐斑、盐带常相伴而生，植被修复实施前必须做好土壤全盐含量分布图绘制调查（图7-1）。

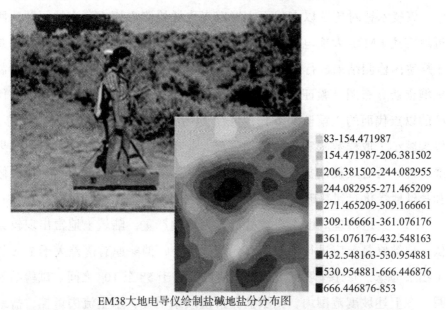

83-154.471987
154.471987-206.381502
206.381502-244.082955
244.082955-271.465209
271.465209-309.166661
309.166661-361.076176
361.076176-432.548163
432.548163-530.954881
530.954881-666.446876
666.446876-853

EM38大地电导仪绘制盐碱地盐分分布图

图 7-1 盐碱地盐分分布图

　　该技术针对传统以点代面土壤定点取样检测方式中存在的问题，使用近地雷达 EM38 大地电导率仪，采用非接触方式，测量土壤电导率，并与土样室内检测结果进行对应回归分析，建立模型，再利用 ArcGIS，绘制出土壤全盐分布图。验证结果显示，本技术在盐碱地改良工程方面可取代传统的以点代面的土壤监测方式，可在 24 小时内快速绘成土壤全盐分布图，极大减小了取样数量和化验劳动强度，非接触探测技术提高了检测效果和准确性，可有效规避盐斑、盐带对植被的影响，对盐碱地改良、植被修复和盐碱地绿化起到基础支撑作用。

　　（5）土地整理。由于海滨盐沼人为影响严重，陆域土地常出现较大起伏，植被修复前应进行削峰填谷，降低落差，消除原有落差大于 1 m 的人工挡水沟埂，修建缓坡，土地整理使坡度位于 5° 至 10° 之间。试验结果表明，在上述坡度范围内，土壤盐分淋洗效果明显，水土流失可控，盐地碱蓬可附着土壤表面生根发芽迅速，播种当年即可形成植被覆盖。洼地坑塘陡坡以同样的方式处理，有利于水生植被生长。同时保持淋洗浓盐水排水沟渠连通，修建闸涵，建立合理的湿地蓄水缓冲能力，使丰水期和枯水期水位相对稳定。

　　（6）土壤渗透性改良。盐沼陆域平坦地块土壤改良应以增加渗透性、利于排盐淋盐、适当保墒利于节水管护为目标，集成技术包括渗水管铺设、秸秆掺拌、磷石膏掺拌等。

　　改良渗透性的一种方法是渗水管铺设。由于淤泥质盐渍土渗透性极差，大量的开沟存在水土流失风险，且淋盐效果、植被修复效果均不够理想，因此渗水管已在植被恢复中得到广泛应用。参考原有的试验数据，该区域技术集成参数如下：渗水管直径为 5 cm 左右，布局间隔 5 m~6 m，开沟深度为 60 cm，渗水管置于沟底，上层铺盖 5 cm 秸秆，以减少泥沙堵塞渗水管。开沟工具建议使用开沟机，以提高工作效率。

　　改良渗透性的另一种方法是秸秆掺拌，该区域技术集成参数如下：秸秆品种选用当地保有量大、利用率低的植物秸秆，以降低运输成本和收购成本。将秸秆粉碎成 5~10 cm 短节，压实打包，便于运输。每亩用量折合压实打包秸秆 20 m³。铺洒到土壤表层后一般形成 3~5 cm 秸秆层，然后用深耕机或挖掘机深翻掺拌，掺拌深度 0.5 m。

改良渗透性还有一种方法是磷石膏掺拌。海滨盐沼土壤所含盐分以 NaCl 为主，在植被修复中可适当使用磷石膏提高 Ca^{2+} 含量，提高 Ca/Na 比值。施用量一般在 1.5~2 t/ 亩之间，与秸秆同时掺拌进入土壤。

（7）节水洗盐。为提高盐沼盐渍土脱盐速度，除提高土壤渗透性外，还应尽量采用滴灌方式灌溉，提高洗盐淡水资源利用率。滴灌的铺设方向与苗木栽植方向一致，水源可用河水、蓄存水和微咸水等，微咸水含盐量控制在 3 g/kg 以下即可。

首次滴灌时长控制在每次 6 h 左右，其后每次滴灌时长控制在每次 4 h 左右，间隔 12~24 h。滴灌 3 次后，一般情况下经过淋洗，土壤全盐含量可达到 8 g/kg 以下，即可进入后续苗木栽植工序。3 次洗盐用水量共计 60~120 方 / 亩。

如水资源极度缺乏，可在上年 6 月前完成土壤渗透性改良，雨季围埝，等待 7—8 月份的降雨洗盐脱盐、沉实土壤，下一年春季栽植苗木，以此方式解决盐渍土脱盐难题。

（8）耐盐苗木配置。

品种搭配原则：湿地生态修复的终极目标为植被修复，即植被的生长情况，首先要保证植物的存活生长，因此苗木的选择非常重要。

原则一：乡土耐盐，适地适种。本区域植被修复同样应以乡土植物为主，根据土壤全盐含量和植物耐盐能力，适地适种。

原则二：抓住重点，品种多样。本区域植被修复以草本植物为主，以植被成活率为主要指标。重点区域搭配耐盐灌木，或点缀花卉，低盐高台可少量栽植耐盐乔木。尽量采取多品种搭配栽植，增加环境抗风险能力。

建议品种选用范围：经过多年的耐盐性鉴定和本地生态适应性鉴定，人们积累了适宜本地植被修复品种 253 个（表 7-1 至表 7-5）。品种目录见下列表格。具体植被修复方案根据实际需求选择。

表7-1　耐盐植物栽植目录表

序号	类型	名称	级别	序号	类型	名称	级别
1	乔木	扁桃	2	29	乔木	红叶椿	3
2	灌木	蒙古扁桃	2	30	乔木	白蜡树	3
3	乔木	栾	2	31	乔木	欧椴	3
4	乔木	香椿	2	32	乔木	金枝白蜡	3
5	乔木	山桃	2	33	乔木	圆腊	3
6	乔木	梓	2	34	乔木	八棱海棠	3
7	乔木	垂丝海棠	2	35	乔木	红宝石海棠	3
8	乔木	柽柳	2	36	乔木	金叶榆	3
9	乔木	栾树	2	37	乔木	稠李	3
10	乔木	欧洲甜樱桃	2	38	乔木	滨海红海棠	3
11	乔木	白柳	2	39	乔木	沼泽小叶桦	3
12	乔木	紫叶矮樱	2	40	乔木	风桑一号	3
13	乔木	西府海棠	2	41	乔木	大叶垂榆	3
14	乔木	紫叶李	2	42	乔木	风桑二号	3
15	乔木	东京樱花	2	43	灌木	木槿	3
16	乔木	榆树	3	44	乔木	杂交构树	3
17	乔木	臭椿	3	45	乔木	杜梨	4
18	乔木	花椒	3	46	乔木	竹柳	4
19	乔木	盐柳	3	47	乔木	金叶槐	4
20	乔木	欧洲白榆	3	48	乔木	金枝槐	4
21	乔木	三球悬铃木	3	49	乔木	报印槐	4

续表

序号	类型	名称	级别	序号	类型	名称	级别
22	乔木	金叶白蜡	3	50	乔木	金叶刺槐	4
23	乔木	梣叶槭	3	51	乔木	香花槐	4
24	乔木	高接黄杨	3	52	乔木	槐	4
25	乔木	金丝柳	3	53	乔木	龙爪槐	4
26	乔木	馒头柳	3	54	乔木	刺槐	4
27	乔木	白杜	3	55	乔木	耐盐八棱海棠	4
28	乔木	火炬树	3	56	乔木	松柏柽柳	5

耐盐级别：1级=0~2 g/kg；2级=2~4 g/kg；3级=4~6 g/kg；4级=6~10 g/kg；5级>10 g/kg

表7-2 耐盐植物栽植目录表

序号	类型	名称	级别	序号	类型	名称	级别
1	草本花卉	地被菊	2	23	草本花卉	串叶松香草	3
2	草本花卉	雁来红	2	24	草本花卉	美国紫菀	3
3	草本花卉	宿根亚麻	2	25	草本花卉	金鸡菊	3
4	草本花卉	披针叶黄花	2	26	灌木	醉鱼草	3
5	草本花卉	一枝黄花	2	27	草本花卉	詹姆士景天	3
6	草本花卉	钓钟柳	2	28	草本花卉	绿秋葵	3
7	草本花卉	石竹	2	29	草本花卉	红秋葵	3
8	草本花卉	茑萝	2	30	草本花卉	曼陀罗	3
9	草本花卉	大滨菊	2	31	草本花卉	半枝莲	3
10	草本花卉	联毛紫菀	2	32	草本花卉	水飞蓟	3
11	草本花卉	松果菊	2	33	草本花卉	月见草	3

续表

序号	类型	名称	级别	序号	类型	名称	级别
12	草本花卉	蓍	2	34	草本花卉	风花菜	3
13	草本花卉	杭白菊	2	35	草本花卉	多茎景天	3
14	草本花卉	百合	2	36	草本花卉	蓝花鼠尾草	3
15	草本花卉	白玉簪	2	37	草本花卉	金娃娃萱草	4
16	草本花卉	半日兰	2	38	草本花卉	黄花萱草	4
17	草本花卉	窄叶蓝盆花	2	39	草本花卉	红花萱草	4
18	草本花卉	假龙头花	2	40	草本花卉	鸢尾	4
19	草本花卉	紫萼	3	41	草本花卉	大花萱草	4
20	草本花卉	蓝花鼠尾草	3	42	草本花卉	德国景天	4
21	草本花卉	菊芋	3	43	草本花卉	红花景天	4
22	草本花卉	蛇莓	3	44	草本花卉	马蔺	4

耐盐级别：1级=0~2 g/kg；2级=2~4 g/kg；3级=4~6 g/kg；4级=6~10 g/kg；5级>10 g/kg

表7-3 耐盐植物栽植目录表

序号	类型	名称	级别	序号	类型	名称	级别
1	草木	芍药	1	26	灌木	蓝花荗	3
2	灌木	月季花	2	27	灌木	黄刺玫	3
3	灌木	杠柳	2	28	灌木	光叶椒	3
4	灌木	直立扶芳藤	2	29	灌木	榆叶梅	3
5	灌木	棣棠	2	30	灌木	金叶接骨木	3
6	灌木	贴梗海棠	2	31	灌木	笃斯越橘	3
7	乔木	塔柏	2	32	灌木	醉鱼草	3
8	乔木	桦叶椒	2	33	灌木	接骨木	3
9	灌木	大叶蔷薇	2	34	灌木	蓝叶忍冬	3

序号	类型	名称	级别	序号	类型	名称	级别
10	灌木	紫薇	2	35	灌木	郁香忍冬	3
11	灌木	丁香	2	36	灌木	单叶蔓荆	4
12	灌木	鲜黄小檗	2	37	灌木	柠条锦鸡儿	4
13	灌木	卫矛	2	38	灌木	荆条	4
14	灌木	毛核木	2	39	灌木	紫穗槐	4
15	灌木	水牛果	2	40	灌木	宁杞1号	4
16	灌木	紫叶矮樱	2	41	灌木	枸杞	4
17	灌木	沙柳	2	42	灌木	菜用枸杞	4
18	灌木	乌柳	2	43	灌木	白刺	4
19	灌木	水蜡树	2	44	灌木	沙棘	5
20	灌木	珍珠梅	2	45	灌木	多枝柽柳	5
21	灌木	文冠果	2	46	灌木	柽柳	5
22	灌木	红王子锦带花	2	47	灌木	密花柽柳	5
23	灌木	连翘	2	48	灌木	盐地柽柳	5
24	灌木	蒙山红金银花	2	49	灌木	小果白刺	5
25	灌木	金叶莸	3				

耐盐级别：1级=0~2 g/kg；2级=2~4 g/kg；3级=4~6 g/kg；4级=6~10 g/kg；5级>10 g/kg

表7-4 耐盐植物栽植目录表

序号	类型	名称	级别	序号	类型	名称	级别
1	功能植物	野菊	2	1	耐盐果树	大金星山楂	2
2	功能植物	紫苏	3	2	耐盐果树	山杏	2
3	功能植物	决明	3	3	耐盐果树	黄李子	2
4	功能植物	蒲公英	3	4	耐盐果树	金太阳李	2
5	功能植物	罗勒	3	5	耐盐果树	毛樱桃	2
6	功能植物	地笋	3	6	耐盐果树	紫李子	2
7	功能植物	刺果甘草	3	7	耐盐果树	石榴	2
8	功能植物	无花果	3	8	耐盐果树	黄油桃	2
9	功能植物	玫瑰	3	9	耐盐果树	富士苹果	3
10	功能植物	薄荷	3	10	耐盐果树	柿	3

序号	类型	名称	级别	序号	类型	名称	级别
11	功能植物	药葵	3	11	耐盐果树	桃	3
12	功能植物	丹参	3	12	耐盐果树	金丝小枣	3
13	功能植物	菊苣	3	13	耐盐果树	酸枣	3
14	功能植物	蕺菜	3	14	耐湿植物	香蒲	2
15	功能植物	射干	3	15	耐湿植物	水葱	2
16	功能植物	珊瑚菜	3	16	耐湿植物	千屈菜	3
17	功能植物	费菜	4	17	耐湿植物	芦苇	3
18	功能植物	罗布麻	4	18	耐湿植物	扁秆荆三棱	3
19	功能植物	艾	4	19	耐湿植物	芙蓉葵	4
20	功能植物	平车前	4	20	耐湿植物	紫花芙蓉葵	4

耐盐级别：1 级 =0~2 g/kg；2 级 =2~4 g/kg；3 级 =4~6 g/kg；4 级 =6~10 g/kg；5 级 >10 g/kg

表7-5 耐盐植物栽植目录表

序号	类型	名称	级别	序号	植被差缺追加部分	
1	藤本	紫藤	2	1	斜茎黄芪	甜菜
2	草本	剪秋罗	2	2	柳枝稷	反枝苋
3	灌木	野蔷薇	3	3	沙枣	大麻
4	藤本	忍冬	3	4	冰草	紫叶小檗
5	藤本	五叶地锦	3	5	冰叶日中花	诸葛菜
6	藤本	葡萄	3	6	梭梭	山楂
				7	荻	朝鲜碱茅
1	观赏草	金钱草	2	8	青蒿	毛樱桃
2	观赏草	细叶芒	2	9	假苇拂子茅	华北绣线菊
3	观赏草	丝带草	2	10	狸尾豆	合欢
4	观赏草	银边翠	2	11	野大豆	兴安胡枝子
5	观赏草	偃麦草	3	12	黄香草木樨	田菁
6	观赏草	斑叶芒	3	13	秋英	苦参
7	观赏草	狼尾草	3	14	油葵	蓖麻
8	观赏草	佛甲草	3	15	芦苇	芦苇婆婆纳
9	观赏草	地肤	4	16	皱叶酸模	黑心菊

10	观赏草	白茅	4	17	葎草	蜀葵
11	观赏草	二色补血草	4	18	茜草	大丽花
12	观赏草	碱蓬	5	19	狐尾草	紫花地丁
13	观赏草	盐地碱蓬	5	20	打碗花	龙爪柳
14	观赏草	獐毛	5	21	叉子圆柏	砂引草
				22	龙柏	马鞭草

耐盐级别：1 级 =0~2 g/kg；2 级 =2~4 g/kg；3 级 =4~6 g/kg；4 级 =6~10 g/kg；5 级 >10 g/kg

（9）苗木栽植。

栽植时期：植物的播种和栽植时期必须适应各品种特点，栽植或播种前应仔细查询相关资料，结合本地特点，选择适宜时期。多数植物苗木应在春季发芽前15—20天移栽为宜，河北盐沼苗木修复最佳栽植时间为3月10日—3月30日。如遇工期紧任务重的植被修复项目，栽植期可拓展到秋季苗木落叶后栽植。

苗木规格：植被修复所用苗木应以幼苗、小苗为主，不适合栽植伤根严重的大苗，并忌用温室苗。采用幼小壮苗可降低修剪力度，较少蒸发伤流，提高成活率，幼小壮苗对生态环境的适应能力也可逐步提升，同时幼小壮苗由于价格较低，可通过小幅增大栽植密度，提高植被覆盖度，并保持工程造价不增反降的效果。在相同工程投资力度下，甚至可以扩大修复面积，提高区域的生态服务功能。

栽植注意事项如下：最大限度缩短苗木根系在空气中的裸露时间。栽植前后，去掉非必需的枝叶，伤口处涂抹封闭层。栽植技术落实到位，避免苗木根系掩埋过深、过浅或下方留有空隙。定植后及时浇足淡水，地表保留水层不可超过4 h，注意及时引排。高大乔木做好防风支架，冬季注意防冻。

（10）节水管理。注意观察苗木发芽、生长情况，及时补栽补种。视土壤墒情和脱盐情况，实行间歇轮灌，提高淡水资源利用率。注意病虫害发生，可适当防风、遮阴，减少蒸发。

二是建议。

滨海淤泥质盐沼植被修复技术内容涉及面广，本部分内容包括河北省农林科学院滨海农业研究所已实施修复工程相关技术，也包括其他科研单位相关研究成果，其他正在试验技术和有争议成果未能涵盖。并且如参照本技术执行植被修复，可因时因地酌情进行技术取舍，以便降低成本，提升修复效率和修复效果。

7.1.2　滨海沙淤交汇区河口湿地生态修复技术集成

根据滨海沙淤交汇区河口湿地的特点，采取"关注水文、生物多样"为主，以增加土壤有机质、保肥保水、重点关注水土流失为主的修复模式，结合河流和潮汐影响，将湿地划分为上游淡水区、下游临海区和岸滩沙岛区三种修复区，分别提出整治修复技术。

7.1.2.1　滨海沙淤交汇区（滦河口）湿地主要特点

根据本项目所收集资料和实地调查可知，滦河口湿地具有土壤盐渍化程度低，土壤黏度小，保肥保水困难，受河流、潮汐影响严重的特点，具体体现在以下几个方面。

（1）土壤成因复杂，土壤以沙壤为主，渗透性较好。

（2）下游临海区土壤受潮汐影响较大，土壤含盐量随季节、潮汐变化剧烈，土壤全盐含量一般在 1.5 g/kg 以上，高的区域达到 20.0~30.0 g/kg。

（3）地下水矿化度较低，受河水补充影响，矿化度在 0.5 g/L 左右。

（4）植被覆盖率较高，植物多样性较丰富。滦河口湿地由于淡水补充和渗透性较好，为庞杂的上下游植被资源提供了多样的生活环境，人为干预较少的区域，保持了较高的植被覆盖率和丰富的植物多样性。

7.1.2.2　生态修复技术集成

根据滦河口湿地特点，制定了以保肥保水为主要特点的植被修复方案。首先根据河流和潮汐影响，对湿地进行划分，分为上游淡水区、下游临海区和岸滩沙岛区，各区采用不同修复技术。

一是上游淡水区。

上游淡水区是指地表保持淡水层或季节性有淡水流过，现在或以往进行淡水养殖、农田利用等区域，土壤全盐含量在 3 g/kg 以下。主要采用以下修复模式。

（1）蓄淡固土、控水保肥。根据地势巩固地形，减少水土流失，建立淡水引流沟渠和缓冲区域。

（2）土地整理。在不堵塞河道的前提下，适当进行梯田等微地形整理，利于降雨排出和后续泄洪操作。

（3）适生植被。对于已经盐渍化区域尽快引进淡水浸泡洗盐，一般只能在围堰情况下建立水层。利用自然降雨或引进河水进行局部集中水层后，可以进行芦苇、水烛、水草等水生植物栽植或投放。栽植方式以团簇为主，在水层深度 0~20 cm 位置为宜。注意水草类投放密度和水质变化。

二是下游临海区。

下游临海区是指区域内潮水影响较大，汛期河道湿地内也常有淡水淹没。一般为河口或海水养殖池等，土壤全盐含量在 3 g/kg 以上的区域。主要采用以下修复模式。

（1）退养还滩。如被海水养殖池围绕，不建议进行植被修复，除非退养还滩，否则修复意义不大。退养还滩地应事先测绘高程，选择有办法阻挡潮汐侵扰的地方进行修复。

（2）阻断倒流。要设法阻断海水倒灌，修建围堰、闸涵，然后进行排水沟渠建设，排出积聚咸水。

（3）引水洗盐。削峰填谷，降低落差，消除原有落差大于 1 m 以上的养殖挡水沟堰，应尽连通河道淡水，利用河水对盐渍土浸泡洗盐压盐，甚至可在洪峰期引洪压盐，其淡水和泥沙均是植被修复的良好资源。

（4）先锋植被。如需迅速建立植被，可选择排出洗盐后的淡水。反复几次后，土壤含盐量减低到 6 g/kg 以下，可以进行盐地碱蓬、芦苇等植物栽植。在水层深度 0~20 cm 位置栽植芦苇，芦苇栽植方式以团簇为宜。建立合理的湿地蓄水缓冲能力，使丰水期和枯水期水位相对稳定。

三是岸滩沙岛区。

滦河口湿地陆域生态环境复杂，农耕、海淡水养殖、防护林等利用方式多样，项目调查的核心区具有良好的自我恢复能力，植被修复环境主要包括岸滩和沙岛两种类型，因其环境和土壤质地非常相似，故统一给出修复技术建议。主要采用以下修复模式。

（1）本底调查。

重点对土壤质地、水土保持情况进行调查，并搜集河流及潮汐的水文资料，分析主要影响因素，采取相应措施，如阻拦潮汐或洪水侵扰，建立排灌渠道。另外注意土壤全盐含量、周边水质，明确本底数据。

（2）植物品种收集保存。

由于滦河口湿地陆域生态环境复杂，淡水资源丰富，土壤全盐含量较低，给上游带来的植物资源创造了多样性的生存环境，也导致该湿地植物多样性较好，是河北省保存植物品种最多的滨海湿地。因此，做好植物品种收集保存将为植被修复和相关研究提供非常重要的物质基础。保存品种详见本项目调查数据。

（3）水源调配。

利用丰富的淡水资源，就近建立蓄水池，开挖灌水沟渠，引水至陆域附近，作为淡水洗盐压盐之用。

（4）湿地陆域土壤全盐含量分布图绘制。

河口湿地陆域环境复杂，由于河堤、河床、沙岛等环境变化明显，地形起伏较大，植被修复实施前也必须做好土壤全盐含量分布图绘制调查。具体技术参看盐沼修复技术。

（5）土地整理。

河口湿地岸滩沙岛必须在保证河流安全的前提下进行。结合疏浚河道、巩固堤岸，对河床湿地进行微地形整理，消除原有落差大于 0.5 m 以上的挡水沟埂，顺河流流向，进行水土保持加固，利用低洼地域，增加淡水缓冲滞留空间和湿地面积，保持河道流域生态环境，避免水土流失，减少泥沙流入海洋，也为岸滩沙岛修复保留足够的淡水资源。如已经有较好的植被覆盖区域，尽量保留，不要进行土地整理。

（6）土壤改良。

滦河口湿地陆域土壤改良应以土壤保肥保水为主。沙壤土以增加保水保肥能力为主，同时防范水土流失。改良措施可掺拌农家肥（牛粪）、腐殖酸、磷石膏、草炭土、微肥和保水剂的方式施入，掺拌比例为掺拌牛粪 0.05 m³/m²，磷石膏 8 kg/m²，腐殖酸 1.5 kg/m²，微肥 0.15 kg/m²，草炭土 0.037 m³/m²，保水剂 100 g/m²。与原土均匀掺拌 30~50 cm 深。注意该区域尽量不要直接施入未腐熟秸秆。

（7）节水洗盐。

滴灌洗盐：为提高淡水资源利用率、降低水土流失风险，岸滩沙岛区灌溉应采用滴灌方式。滴灌铺设方向与苗木栽植方向一致，水源可用河水、蓄存水，含盐量控制在 3 g/kg 以下。

滴灌时长和频率：首次滴灌时长控制在每次 3~4 h，其后每次滴灌时长控制在每次 2 h 左右，间隔 5~6 h。一般情况下土壤经过淋洗，土壤全盐含量可迅速降低至 6 g/kg 以下。2~4 次洗盐用水量大约 750 m³/ha。

如水资源极度缺乏，可在上年 6 月前完成土壤改良，雨季围埝洗盐脱盐、沉实土壤，甚至可利用雨季泄洪水进行洗盐脱盐。下一年春季配合滴灌栽植苗木。

（8）耐盐苗木配置。

品种搭配原则：滦河口湿地生态环境多样，植物具有多样性，可利用植物品种较多。

原则一：耐旱耐瘠，适度耐盐。本区域植被修复同样应以乡土植物为主，侧重耐旱耐瘠的品种。

原则二：严格区分潮汐影响，保持品种多样。严格区分上、下游，上游植被修复的品种应以乔木、灌木、草本植物相结合；下游以耐盐防风植物为主。

建议品种选用范围：

滦河口湿地植物品种上游邻水区可增加杨柳科高大乔木应用比例，沙壤远水区可增加刺槐、香花槐应用比例。苗木种类参考盐沼技术。具体植被修复方案根据实际需求选择。

（9）苗木栽植。

苗木栽植时期和栽植规格均参考盐沼，需要特别注意的是海风和潮汐影响。栽植后地表可覆盖秸秆或地膜保持水分。

滦河口湿地生态环境复杂，生物多种多样，技术内容涉及更广，应严格区分潮汐、河流的影响，因地制宜制定修复方案。

7.1.3　滨海沙质河口、潟湖湿地生态修复技术集成

根据滨海沙质河口、潟湖湿地的特点，采取"防风固岸、旱盐兼顾"为主，以注重分区、重点引水、防风固土的植被修复模式，结合土质变化更大、高大乔木明显增多的特点，将湿地划分为上游淡水区、下游咸水区两种修复区，分别提出整治修复技术。

7.1.3.1　滨海沙质河口、潟湖湿地特点

滨海沙质河口、潟湖湿地土壤和水文特点与滦河口湿地非常相似，不同点在于土质变化更大，高大乔木明显增多，保护力度明显加强。

土壤质地复杂，渗透性差距较大：潟湖上游西侧、西北侧有稻子沟、刘台沟、刘圮沟（甜水河）、泥井沟、赵家港沟（潮河）5条河流注入，所携带泥沙粒径各不相同，因此，该区域植被修复前应明确土壤质地和渗透性。

上下游地下浅层水含盐量差别显著：由于有河水资源持续补充，加之土壤渗透性较强，地下浅层水含盐量受环境水影响较大，含盐量范围1~33 g/kg。

上游淡水区植被覆盖度高、植物品种多样；靠近海岸方向的岸滩仅有碱蓬、芦苇可以存活。

7.1.3.2　生态修复技术集成

根据滨海沙质河口、潟湖湿地土质变化更大，高大乔木明显增多的特

点，综合盐沼和滦河口湿地的技术特点，对湿地进行双区划分，分为上游淡水区、下游咸水区，各区采用不同修复技术。

一是上游淡水区。

上游淡水区是指地表保持淡水层或季节性有淡水流过，现在或以往进行水产养殖、稻田开发和储蓄淡水等区域，土壤全盐含量范围较大，为 1~6 g/kg。上游淡水区主要采用以下四点修复模式。

（1）首先要调查土壤质地和全盐含量，如在 3 g/kg 以下，可直接栽植水生植物或陆生植物，如全盐含量在 3~6 g/kg 之间，参考周边环境，选择适生耐盐植物进行植被修复。但均需注意陆生植被排水问题。

（2）对土壤全盐含量、周边水质、植被群落进行调查，明确本底数据。

（3）视台田、埝埝等较高地块的土质情况，适当添加有机肥，增强其保水保肥能力。植物品种可栽植柽柳、刺槐、山楂等，花卉类可选择千屈菜、鸢尾、马蔺等，地被植物可选择栽植费菜、景天等，但一定要注意耐旱特性。

（4）过水区和水层保持区可栽植芦苇、水烛、假苇拂子茅等，植物栽植根系不能过于细小，应以团簇为宜。过水区注意水土保持，做好植物根系固定，提高成活率。栽植期水层深度保持 0~20 cm 为宜。

二是下游咸水区。

下游咸水区是指区域内潮汐影响较大，地表以往用海水进行水产养殖或晒盐等，土壤全盐含量在 6 g/kg 以上。下游咸水区主要采用以下几种的修复模式。

（1）如确系潮汐影响较大，除沙岛外不建议进行植被修复。

（2）岸滩、沙岛确需修复区，必须尽量减少潮汐影响，甚至可以筑坝固土，抬高地面，但注意不能阻挡潮汐、河流正常水文变化。

（3）下游咸水区栽植植物前，要筹划好淡水来源，包括设施集雨、淡水引入等，浇灌方式以节水滴灌为宜。

（4）对于已经盐渍化岸滩区域尽快引进淡水浸泡洗盐。如淡水供给不便区域，可利用自然降雨进行局部集中，然后分区分步的方式构建植被。

盐渍化岸滩区可撒播盐地碱蓬种子，并及时覆土，以保留住种子，提高出苗率。沙岛区品种选择以防风、耐旱为主，兼顾耐盐，建议品种包括刺槐、榆树、龙柏、木槿等，切忌栽植白蜡树等不抗风品种。

（5）沙岛土壤改良以增加保水保肥能力为主，同时防范水土流失。改良措施包括施入有机肥、腐殖酸、磷石膏、草炭土、微肥和保水剂等。掺拌比例为牛粪 0.05 m³/m²，磷石膏 8 kg/m²，腐殖酸 1.5 kg/m²，微肥 0.15 kg/m²，草炭土 0.037 m³/m²，保水剂 100 g/m²。

（6）节水洗盐：沙岛洗盐相对容易，为提高淡水资源利用率，可结合苗木栽植进行滴灌。滴灌时长缩短到 2 h，滴灌频率增加，每次滴灌间隔 4 h 即可。其余技术参照盐沼滴灌养护。

三是品种筛选。

沙质河口、潟湖湿地植被修复苗木搭配参照滦河口湿地和盐沼对应类型酌情选择，水生植被主要关注耐盐和多样性，陆域植被下游关注防风、固岸，上游关注耐旱、耐瘠薄和景观搭配。苗木栽植时期和栽植规格均参考盐沼。

7.2　海草床生态修复技术研究

根据前期收集到的资料，结合近年来开展的海草床修复成果，本项目选用了植株移植、种子底播、底质环境营造三种修复技术方法，开展衰退海草床的修复技术研究。其中，植株移植修复技术设置了框架法和枚订法两种修复方案的效果对比；种子底播研究了种子保存及促萌技术；底质环境营造主要采用了客土法，对比了客土置换、底质石砾—客土置换、未客土的修复效果。通过修复效果对比，选取适宜河北省海草床环境的海草高效修复技术。

7.2.1 植株移植修复技术研究

7.2.1.1 植株移植修复技术方法

一是植株来源。

实验用鳗草植株于2022年10月采集于河北省唐山市曹妃甸。采集过程中，采样人员应沿鳗草根状茎方向，连同底泥连根挖取，以确保植株根状茎的完整性。植株经海水浸洗，清除杂质、叶片附着生物，以及根茎部泥沙等物质之后，置于泡沫箱中浸水。

二是移植方案。

在曹妃甸修复区进行鳗草移植。共设置三个处理组：首先用水泥板组成两侧各5 m长，中间间隔5 m的隔板，用来营造减流环境。在减流环境中移植鳗草，以3株为1个移植单元，每个框架放置9个单元，共设置20个框架。其次在减流环境外移植鳗草，以3株为1个移植单元，每个框架放置9个单元，共设置20个框架。最后在减流环境外采用枚订法移植鳗草，以3株为1个移植单元，在50 cm×50 cm的样方中，移植9个单元，共设置20个样方。合计共移植1620株鳗草。移植图示及框架示意图、实物图见图7-2、图7-3、图7-4、图7-5。

图7-2 移植图示

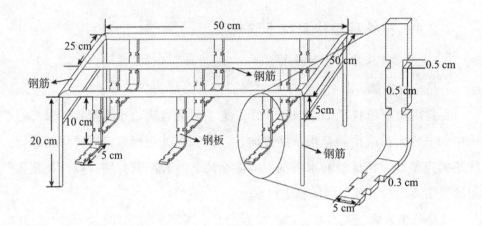

图 7-3　框架示意图

图 7-4　框架实物图

图 7-5 枚订移植照片

三是实验过程。

（1）植株预处理。

实验植株茎节长应 ≥ 5 cm，去除老叶、高株、矮株以及侧枝。每个处理组随机选取 3 个样方，采用齐曼叶标记技术对叶片标记，在植株初始茎节处用金线对根状茎进行标记，这个标记可以用于植株生长指标的测定（图 7-6）。

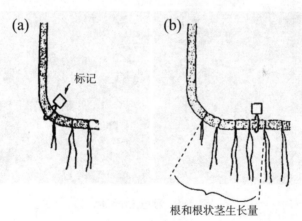

图 7-6 根状茎标记方法

（2）植株捆绑。

用棉线将 3 株鳗草作为 1 个移植单元绑在框架的 1 条 "L" 型支架下方，共 40 个框架。再用棉线将 3 株鳗草绑在一起作为 1 个单元，9 个单元为 1 个样方（50 cm×50 cm），共 20 个样方，采用枚订法移植（见图 7-7）。

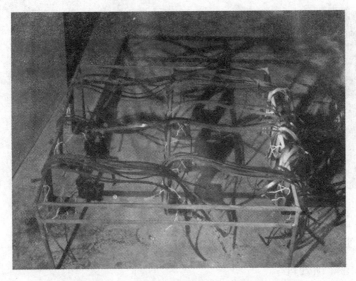

图 7-7　框架实物图（绑上鳗草）

（3）海区移植。

依照移植方案在减流区及减流区外移植鳗草，共 3 行，行距为 25 cm，每行框架间距为 20 cm（见图 7-8）。

图 7-8　移植工作照片

7.2.1.2　植株移植修复效果

于 2022 年 11 月（即移植 1 个月后）对移植植株进行取样。计算各样方存活率、扩繁指标、生长指标，测定光合色素含量、可溶性糖及淀粉含量。

一是存活率。

根据调查，各处理组的移植植株存活率无显著差异（$p>0.05$）。

二是扩繁指标。

根据调查，板内框架法移植植株的扩繁系数及分株频率都显著低于枚订法移植植株（$p<0.05$），且分株频率显著低于板外框架（$p<0.05$）。

三是生长指标。

根据调查，枚订法移植植株的各项生长指标都显著高于框架法移植植株（$p<0.05$）。

四是光合色素含量。

根据调查，板内框架法移植植株的总叶绿素含量显著高于板外框架法和枚订法移植植株（$p<0.05$）；而板内框架法移植植株的叶绿素 a 含量、叶绿素 b 含量和类胡萝卜素含量都显著高于枚订法和板外框架（$p<0.05$）。

五是可溶性糖及淀粉含量。

根据调查，板外框架法移植植株的叶片可溶性糖含量显著高于其他两组（$p<0.05$），枚订法移植植株的叶片淀粉含量显著高于板内框架法和板外框架法（$p<0.05$）。枚订法移植植株根状茎可溶性糖和淀粉含量显著高于其他两组（$p<0.05$）。

六是主成分分析（principal component analysis, PCA）。

对移植植株的存活率、扩繁指标、生长指标进行 PCA（图 7-9），通过比较图中三个组置信圈的位置，可以得出从移植植株的生态特征来看，枚订法优于板外框架法，优于板内框架法。

•板内框架 •板外框架 •枚订

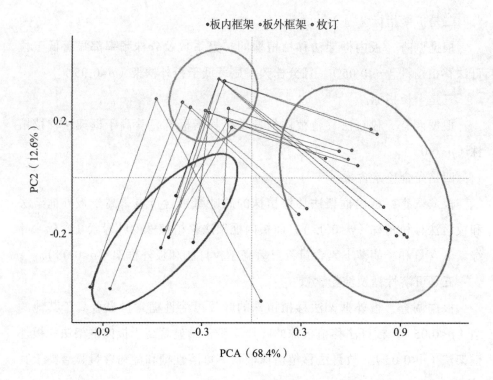

图 7-9　PCA 结果

七是修复效果。

框架法移植的优点有以下几点：对移植植株根状茎的固定作用强；适用范围广，适用于多种水文和底质环境；框架可回收，待移植植株建植后，框架可回收重复利用。框架法移植的缺点有以下几点：钢筋在海水中会产生大量铁锈，可能对植株造成负面影响；框架的制作成本较高；使用框架法所需人力成本较高。

枚订法移植的优点有以下几点：对移植植株根状茎的固定作用强；适用范围广，适用于多种水文和底质环境；枚订的制作成本低。枚订法移植的缺点有以下几点：枚订法所需人力成本高，潜水时间长，修复效率低。

根据存活率、扩繁指标、生长指标、光合色素含量、可溶性糖及淀粉含量的对比，结合 PCA，结果显示枚订法是最成功的移植方法，使用枚订对移植植株根状茎进行固定，且一段时间后仍保持极高的成活率。尽管框架移植法在其他海域能够实现鳗草植株移植，但该海域使用的铁框架因锈蚀，导致植株成活率较低。因此，在该海域用框架法移植时，需要采用抗锈蚀的材料进行改进。

八是移植技术方法。

枚订法移植是在天然草床采集鳗草成体植株，采集过程中，沿鳗草根状茎方向，连同底泥连根挖取，以确保植株根状茎的完整性。植株经海水浸洗，清除杂质、叶片附着生物以及根茎部泥沙等物质，置于泡沫箱中浸水，所用植株茎节长应≥5cm；使用可降解棉线将鳗草每3株绑在一起，置于泡沫箱带至移植海区；潜水员携带枚订及鳗草植株潜入移植海区，每3株鳗草使用1个枚钉将根状茎固定在底质中即可。

7.2.2　种子底播修复技术研究

7.2.2.1　种子保存及促萌技术研究

一是，种子保存技术研究。

对于采集来用于播种的种子，施加一定浓度的脱落酸（abscisic acid, ABA，是五大植物激素之一）可以有效延长鳗草种子的休眠，且不会影响种子活力，对植物种子资源的长期保存具有重要意义。

为研究脱落酸促进鳗草种子延长休眠的作用方式，设置5个ABA处理组（A组~E组），浓度分别为 0 mol/L（对照组）、$1×10^{-5}$ mol/L、$5×10^{-5}$ mol/L、$1×10^{-4}$ mol/L、$1×10^{-3}$ mol/L。每个浓度平行设置三组，随机选取13800粒经前期处理的鳗草种子，随机平均分为15份，每份920粒。各重复在15℃黑暗非充氧条件下保存90 d，每3 d统计种子萌发数，计算保存期间种子的累积萌发率。为保证实验期间ABA浓度保持恒定，每30 d更换相同浓度的脱落酸海水溶液，并每30 d于各处理组随机选取270粒种子，进行种子活力、含水量、可溶性糖含量和淀粉含量的测定。

各ABA浓度处理组种子累积萌发率随保存时间延长而显著增加（$p<0.05$）（图7-10）。同一保存时间下，种子累积萌发率均表现为随ABA浓度增加而逐渐降低的变化趋势。30 d时，$1×10^{-4}$ mol/L、$1×10^{-3}$ mol/L处理组种子萌发率为0，并且$5×10^{-5}$ mol/L、$1×10^{-4}$ mol/L、$1×10^{-3}$ mol/L

处理组种子累积萌发率均显著低于对照组（$p<0.05$）；60 d 时，$1×10^{-3}$ mol/L 处理组种子累积萌发率仍为 0，$1×10^{-4}$ mol/L 处理组累积萌发率为 1.1%，均显著低于对照组种子累积萌发率（$p<0.05$）；至保存 90 d，$1×10^{-3}$ mol/L 处理组种子累积萌发率最低，仅为 0.6%，是对照组的 16.8%，显著低于对照组、$1×10^{-5}$ mol/L 处理组及 $5×10^{-5}$ mol/L 处理组（$p<0.05$）；$1×10^{-4}$ mol/L 处理组种子累积萌发率次之，为 2.4%，但其与其他各处理组无显著差异（$p>0.05$）。

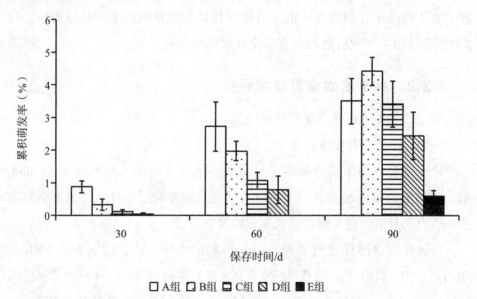

图 7-10　不同 ABA 保存条件下鳗草种子累积萌发率的变化

图 7-10 至图 7-14 中，误差线上的字母表示同一 ABA 浓度不同取样时间之间差异显著（$p<0.05$）。误差线上的数字表示同一取样时间各 ABA 处理组间差异显著（$p<0.05$）。

各 ABA 处理组种子活力随保存时间延长均未表现出明显变化，且各取样时间不同浓度处理组之间种子活力也无显著差异（$p>0.05$），种子活力保持在 82.2%~91.7% 之间（图 7-11）。

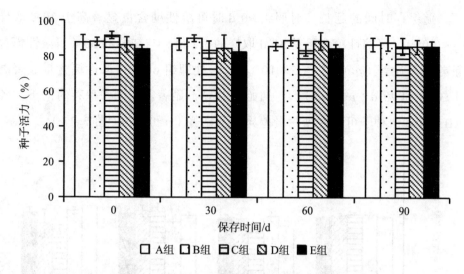

图7-11 不同ABA保存条件下鳗草种子活力的变化

对照组种子含水量随保存时间延长呈现先升高后下降的变化趋势，于保存60 d时达到最高值，是初始含水量的1.2倍（$p<0.05$），但其与30 d和90 d时种子含水量差异不显著（$p>0.05$）（图7-12）。其余各ABA处理组种子含水量随保存时间延长均未表现出明显变化，且各取样时间不同浓度处理组之间含水量也无显著差异（$p>0.05$）。

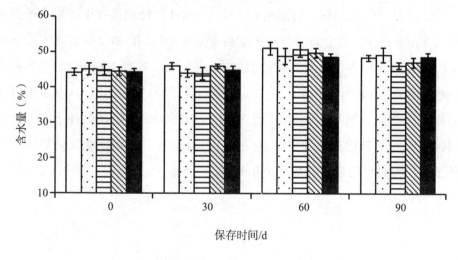

图7-12 不同ABA保存条件下鳗草种子含水量的变化

随保存时间的延长，对照组 90 d 时可溶性糖含量显著高于 30 d 取样（$p<0.05$），可溶性糖含量是 30 d 取样的 1.2 倍，与初始和 60 d 可溶性糖含量差异不显著（$p>0.05$）；5×10^{-5} mol/L 处理组 60 d 可溶性糖含量显著高于 30 d 和 90 d（$p<0.05$），与初始值差异不显著。在同一保存时间下，各 ABA 处理组种子可溶性糖含量差异均不显著（$p>0.05$）（图 7-13）。

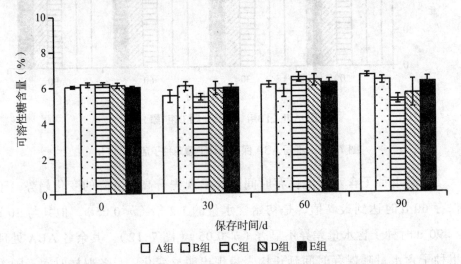

图 7-13 不同 ABA 保存条件下鳗草种子可溶性糖含量的变化

随保存时间的延长，对照组和 1×10^{-5} mol/L 处理组种子淀粉含量变化显著（$p<0.05$），其中对照组种子淀粉含量在 60 d 和 90 d 时较高，显著高于种子初始淀粉含量，均为初始值的 1.1 倍，而 1×10^{-5} mol/L 处理组种子淀粉含量于 60 d 时达到最大值，显著高于种子初始值，但与 30 d 和 90 d 取样时无明显不同（$p>0.05$）（图 7-14）。其余 ABA 处理组种子淀粉含量随保存时间延长均未表现出明显变化，且各取样时间不同浓度处理组之间种子淀粉含量也无显著差异（$p>0.05$）。

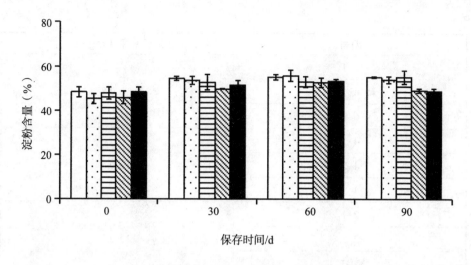

图 7-14　不同 ABA 保存条件下鳗草种子淀粉含量的变化

二是种子促萌技术研究。

氧气作为种子萌发与代谢过程中不可或缺的因子，对植物种子萌发具有重要意义。与多数陆生植物种子不同，沉水植物种子一般在低氧条件下呈现高的萌发率。

为研究不同溶解氧水平对鳗草种子萌发的影响，挑选成熟鳗草种子进行随机分组，根据溶解氧水平的不同共分为 5 组，每组设置 3 个平行样，共计 15 个实验单元。每个单元取鳗草种子 1500 粒置于 100 mL 烧杯中，并编号。实验分组如表 7-6 所示。实验共进行 60 d。

表7-6　实验分组

编号	溶解氧水平（mg·L⁻¹）
10–1	
10–2	10 ± 0.5
10–3	
8–1	
8–2	8 ± 0.5（对照组）
8–3	

编号	溶解氧水平（mg·L^{-1}）
6-1	
6-2	6 ± 0.5
6-3	
4-1	
4-2	4 ± 0.5
4-3	
2-1	
2-2	2 ± 0.5
2-3	

将各组三个烧杯（平行样）置于同一水槽，加入盐度 15‰ 的人工海水，分别用纯度 99.9% 的氮气和氧气充气，利用 YSI DO200 型溶氧仪将人工海水的溶解氧含量调节至要求，然后置于无光条件下进行种子萌发，每 2 天记录各样的萌发情况。

种子萌发培养实验进行至 30 d 后，根据阶段实验结果将实验所用人工海水盐度升至 30‰ 以更好地实现种子萌发与幼苗生长（图 7-15）。经过 60 d 的种子萌发，对照组鳗草种子的累积萌发率达到 27.9%。溶解氧含量 2 mg·L^{-1} 时，鳗草种子累积萌发率达到 42.2%，显著高于对照组与其他溶解氧水平处理组（$p<0.05$），是对照组的 1.51 倍。而其他溶解氧水平与对照组间无显著差异（$p>0.05$），累积萌发率在 27.0% ~32.5% 之间。溶解氧 2 mg·L^{-1} 处理条件下，培养至第 18 d 时便开始显著高于其他各组（$p<0.05$）。在溶解氧含量为 10 mg·L^{-1} 时，鳗草种子累积萌发率为 31.1%，高于对照组。

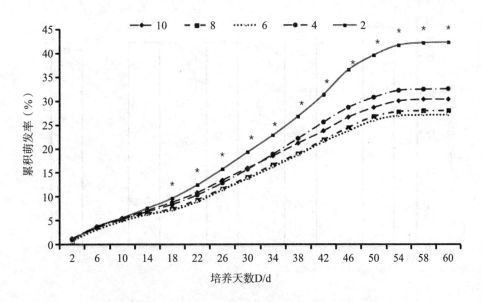

图 7-15　不同溶解氧水平对鳗草种子累积萌发率的影响

图 7-15 至图 7-16 中，数据为平均值 ± 标准误差，数据上的星号表示各组间存在显著差异（$p<0.05$）。

经过 60 d 种子萌发，对照组种子的平均萌发历期为 26.7 d。溶解氧 2 mg·L^{-1} 条件下种子的平均萌发历期最大，达到 28.8 d，随着溶解氧含量升高，种子平均萌发历期逐渐降低，至 10 mg·L^{-1} 时降至 25.7d，显著低于 2 mg·L^{-1} 和 4 mg·L^{-1}（$p<0.05$），而与对照组和 6 mg·L^{-1} 处理组无显著差异（$p>0.05$）（图 7-16）。种子的发芽指数随溶解氧含量的逐渐升高而呈现先下降后上升的变化趋势，在 6 mg·L^{-1} 处理组达到最小值，除对照组外，显著低于其他处理组；而在 2 mg·L^{-1} 处理组达到最大值，为 35.0，显著高于其他处理组，是对照组的 1.3 倍（$p<0.05$）。

综合分析累积萌发率、平均萌发历期与发芽指数可知，溶解氧 2 mg·L^{-1} 处理条件对鳗草种子萌发具有最佳的促进作用。

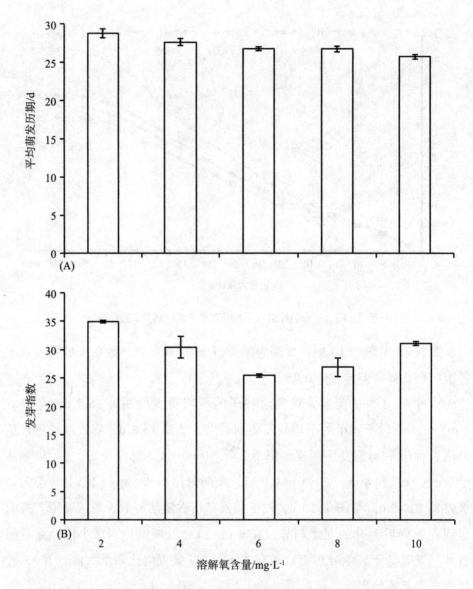

图 7-16 不同溶解氧水平对鳗草种子平均萌发历期（A）与发芽指数（B）的影响

其中采用 1×10^{-4} mol/L 浓度的 ABA 延长种子休眠也可达 90 d。而在鳗草种子播种前，为提高其萌发率，宜进行促萌处理。氧气作为种子萌发与代谢过程中不可或缺的因子，对植物种子萌发具有重要意义。与多数陆生植物种子不同，沉水植物种子一般在低氧条件下呈现较高萌发率。根据鳗草种子萌发数据显示，鳗草种子可以耐受低氧环境（2~6 mg/L），而

2 mg/L 的溶解氧水平对鳗草种子的萌发具有显著促进作用，是鳗草种子萌发的适宜溶解氧水平。

三是种子保存和促萌方法。

种子保存方法：可通过将种子置于 $1×10^{-4}$ mol/L 浓度 ABA 海水溶液中达到降低种子萌发率，保存种子的目的。

种子促萌方法：可通过将鳗草种子置于溶解氧 2 mg/L 的条件下达到最佳的促萌作用。

7.2.2.2 种子底播修复技术研究

在曹妃甸当地采集的海草种子，在实验室暂存了一段时间。出发前挑选健康的、颗粒饱满的种子 40000 粒，低温保存。

在曹妃甸修复区进行鳗草种子播种（图 7-17），共设置三个处理组。一是，用水泥板组成两侧各 5 m 长，中间间隔 5 m 的隔板，用来营造减流环境。在减流环境中采用麻袋保护法，投放平铺 15 个有玄武岩格栅作为保护的麻袋（图 7-18）。二是，在减流环境外采用麻袋保护法，投放平铺 15 个有玄武岩格栅作为保护的麻袋。三是，在减流环境外采用麻袋法，投放平铺 15 个无玄武岩格栅作为保护的麻袋。

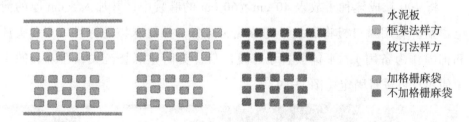

图 7-17 移植与播种图示

图 7-18　麻袋实物图（右图为普通麻袋，左图为格栅包裹麻袋）

取 25 粒种子，去除种皮，剥出种胚，加入 10 mL 0.5% 2，3，5- 氯化三苯基四氮唑溶液，于 25℃恒温水浴、黑暗条件下染色 24 h，对种子的染色部位和染色程度进行分析，进而评价种子活力（%），具有高活力的种子种胚被染成红色，而活力较低或无活力的种子种胚不会被染色。种子活力（%）= 染色种胚数 / 种子总数。做三组重复实验。测得的种子活力为78%±2%，达到播种要求。

将 400 粒成熟种子放入 40 cm×60 cm 的麻袋中，并加入 5 cm 厚的泥土覆盖。利用封口机将麻袋平均分成 3 部分，并对麻袋进行封口（大头针和棉绳作为备用）。平铺放置于修复区后，为防止麻袋流失，在麻袋四个角使用枚钉进行固定（图 7-19）。

图 7-19　播种工作照

于 2022 年 11 月（即播种后 1 个月）对麻袋进行取样。先通过水下录像，查看麻袋和种子状态，之后采集上岸，用孔径为 1.1 mm 的网筛冲洗后，将种子和幼苗带回实验室，计算以下指标：留存率、萌发率、幼苗建成率、种子活力幼苗形态学特征。

根据调查，三种处理组的留存率无显著差异（$p>0.05$），板外普通麻袋的种子萌发率显著高于板外格栅麻袋，且幼苗建成率显著高于其他两组（$p<0.05$）。

针对种子活力这一指标，板外普通麻袋显著高于板内格栅麻袋，显著高于板外格栅麻袋（$p<0.05$）。

根据调查，板外普通麻袋幼苗的单株叶面积和幼苗干重均显著高于其他两组（$p<0.05$），板外普通麻袋幼苗的最大根长显著高于板外格栅麻袋（$p<0.05$）。

从种子留存率、萌发率、幼苗建成率和种子活力来看，未加格栅处理组表现最佳。因此，在本海域进行播种时，建议采用不加格栅的麻袋，将种子倒入装土麻袋中，封口后平铺在海底，并用枚钉固定在底质中。

种子底播的修复技术方法的具体步骤如下：将优质土壤装入 40 cm×60 cm 的麻袋中，使麻袋平铺厚度约为 5 cm，每个麻袋装入 400 粒鳗草种子；采用封口机将麻袋封口，再使用大针和棉线将麻袋等分为三部分；之后由潜水员使用枚钉将麻袋的四角固定在底质中。

这一系列实验初步探明了种子保存和促萌的技术方法，以及种子培育、种子底播的修复技术方法，但仍需进一步探索，继续发掘效率更高、修复效果更好的方法。

7.2.3 底质环境营造修复技术研究

底质是海草根系固着的基础和海草吸收营养物质的来源之一，不同类型的底质会影响海草根状茎的生长，从而对海草的生理、生长产生不同的影响。客土，即从异地移来的土壤，常用来代替原生土，其理化性质一般优于原生土。客土法对原生土壤的改良已被证实，并在一些地区广泛使用。

7.2.3.1 底质环境营造技术方法

设置客土置换和底层石砾铺设 + 客土覆盖两种底质置换处理,以不做底质置换为对照。客土置换方式为包络式客土置换,如图 7-20 所示。每实验平行设置 5 个重复。2021 年 9 月开始实验,使用小铲对客土置换区进行底质挖掘,挖掘深度约 10 cm,石砾铺设深度约 3 cm,之后用陆上土壤将挖掘的置换区域填平、压实。其中所用的土壤为天然土壤,铺设的石砾为直径不超过 3 cm 的碎石。以草床斑块为中心,对草床斑块外围植株向外至 20 cm,深度为 10 cm 的底质进行置换。每个草床斑块样方和移植样方使用绑有处理标记的热塑管进行标识(图 7-21)。

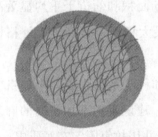 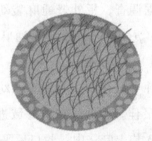

图 7-20　包络式客土置换示意图(左)及底部石砾铺设 + 客土覆盖示意图(右)

图 7-21　客土移植后的修复效果图

于 2022 年的 5、7、9 月对各处理组进行环境指标、植株数量、面积及生物学调查。首先使用直径约 5 cm 的绑有处理标记的热塑管进行实验区域底质的采集，同时采集底质间隙水；然后潜水计数各处理组实验区域中的植株数量；最后在各处理组随机选择 10 株植株，通过齐曼叶标记技术对其进行标记。标记后 21~25 d 采集标记的植株，潜水将植株从底质中连根挖出，并确保植株的完整性，采集的植株经海水清洗干净，移入加冰的保温箱中，运回实验室待测。

7.2.3.2　底质环境营造修复效果

实验期间，包络式客土置换的底质理化性质发生变化。结果显示，2022 年 5 月，客土置换处理组的有机质与有机碳含量均显著高于对照组（$p<0.05$），其中有机质含量达到对照组的 1.5 倍；2022 年 7 月和 9 月，各处理组之间的底质理化性质均无显著差异（$p>0.05$）。

各处理组植株密度及生物量随时间变化均呈先上升后下降的趋势，最大值均出现在 7 月（图 7-22）。单因素方差分析表明，客土置换处理组的植株密度平均达到 175.7 shoot/m²，除 9 月外，显著高于对照组和底层石砾 + 客土覆盖处理组（$p<0.05$），平均为两个处理组的 1.2 倍和 1.4 倍；客土置换处理组的生物量亦达到最大值，除 9 月外，显著高于其他处理组，平均分别是底层石砾 + 客土覆盖处理组和对照组的 1.2 倍和 1.4 倍（$p<0.05$）。

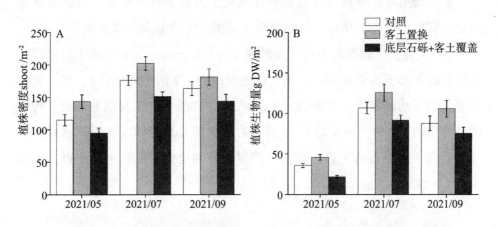

图 7-22　不同客土置换处理组植株密度（A）和植株生物量（B）的变化

各处理组植株高度及单株新生叶面积随时间变化呈先上升后下降的趋势，最大值均出现在 7 月（图 7-23）。单因素方差分析表明，5 月，客土置换处理组的平均植株高度为 45.6 cm/shoot，显著高于对照组和底层石砾 + 客土覆盖处理组，均为两处理组的 1.3 倍（$p<0.05$）；客土置换组的平均单株新生叶面积为 40.1 cm^2，显著高于对照组和底层石砾 + 客土覆盖处理组，均为两处理组的 1.2 倍（$p<0.05$）。9 月，对照组的植株高度和单株新生叶面积均显著高于底层石砾 + 客土覆盖处理组，分别是底层石砾 + 客土覆盖处理组的 1.3 倍和 1.2 倍（$p<0.05$）。

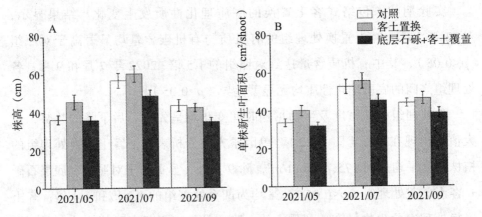

图 7-23　不同客土置换处理组植株高度（A）和单株新生叶面积（B）的变化

各处理组叶片延伸率随时间变化呈先上升后下降的趋势，根状茎延伸率随时间变化呈先下降后上升的趋势（见图 7-24）。单因素方差分析表明，5 月，客土置换处理组的平均叶片延伸率为 4.3 cm/day，显著高于对照组和底层石砾 + 客土覆盖处理组，均为两处理组的 1.2 倍（$p<0.05$）；客土置换处理组的平均根状茎延伸率为 4.9 mm/day，亦显著高于其他处理组，均为两处理组的 1.2 倍（$p<0.05$）。9 月，对照组的叶片延伸率和根状茎延伸率均显著高于底层石砾 + 客土覆盖处理组，分别是底层石砾 + 客土覆盖处理组的 1.3 倍和 1.2 倍（$p<0.05$）。

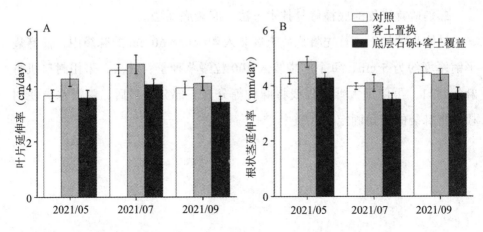

图 7-24 不同客土置换处理组叶片延伸率（A）和根状茎延伸率（B）的变化

通过设置不同客土置换条件（对照、客土置换、底层石砾+客土覆盖），探究了客土置换条件对鳗草生长发育的影响，并探究了包络式客土置换方式对斑块草床生长扩繁的影响。结果表明：采用优质土壤进行客土置换后，包络客土置换处理组的植株密度平均分别达到 175.7 shoot/m²，均显著高于对照组，说明采用优质土壤进行客土置换促进了植株的定植生长，实现了植株快速扩繁；包络式客土置换条件可促进斑块草床的生长扩繁，可根据斑块草床大小及周围斑块草床数目进行选择，其中对于孤立且较小的斑块适宜采用包络方式进行客土置换。

7.2.4 适宜的生态修复技术方法

一是适宜修复的移植修复技术方法：枚订法。

具体步骤如下：首先于天然草床采集鳗草成体植株，采集过程中，沿鳗草根状茎方向，连同底泥连根挖取，以确保植株根状茎的完整性，植株经海水浸洗，清除杂质、叶片附着生物，以及根茎部泥沙等物质，置于泡沫箱中浸水，所用植株茎节长应 ≥ 5 cm；然后使用可降解棉线将鳗草每 3 株绑在一起，置于泡沫箱带至移植海区；最后潜水员携带枚订及鳗草植株潜入移植海区，每 3 株鳗草使用 1 个枚钉将根状茎固定在底质中。

二是适宜修复的底播修复技术方法：麻袋底播法。

具体步骤如下：首先将优质土壤装入 40 cm×60 cm 的麻袋中，使麻袋平铺厚度约为 5 cm，每个麻袋装入 400 粒鳗草种子；其次，采用封口机将麻袋封口，再使用大针和棉线将麻袋等分为三部分；最后，由潜水员使用枚钉将麻袋的四角固定在底质中。

参考文献

[1] 车铭哲，于劲翔."以鸟为本"理念下的滨海湿地生态修复规划：以北戴河七里海潟湖湿地生态修复项目为例 [J].规划师，2019，35（7）：55-59.

[2] 彭林，赵志勇.北戴河湿地和鸟类自然保护区：中国环境科学学会 2009 年学术年会论文集（第三卷）[C].北京：北京航空航天大学出版社，2009.

[3] 刘江，谢遵博，王千慧，等.北方防沙带东部区生态安全格局构建及优化 [J].生态学杂志，2021，40（11）：3412-3423.

[4] 张海燕.滨海复合湿地生态功能研究及评价：以海兴湿地为例 [D].保定：河北农业大学，2009：65.

[5] 齐睿，王春平，李子豪，等.不同积水生境对河南黄河湿地植物多样性的影响 [J].生态学报，2021，41（21）：8578-8588.

[6] 李思辰.沧州南大港湿地生态旅游开发研究 [D].天津：天津大学，2017：106.

[7] 刘娟.曹妃甸湿地保护管理现状 [J].河北林业科技，2016（2）：91-92.

[8] 刘连军.曹妃甸湿地旅游产业发展战略研究 [D].天津：河北工业大学，2014：43.

[9] 张伟星.曹妃甸湿地水动力及水体交换特性研究 [D].石家庄：石家庄铁道大学，2019：66.

[10] 王芳，张磊，范波，等.昌黎黄金海岸湿地独特性与生态脆弱性 [J].绿色环保建材，2018（2）：233.

[11] 何洁，王庆芝，吉志新，等.盐地碱蓬－沙蚕对 Cu 污染沉积质理化性质的影响研究 [J].环境污染与防治，2014，36（11）：22-29.

[12] 吉志新.盐地碱蓬—微生物—沙蚕对油污染土壤理化性质及酶的研究 [D].大连：大连海洋大学，2016：48.

[13] 廖珍梅，杨薇，蔡宴朋，等.大清河－白洋淀流域生态功能评价及分区初探 [J].环境科学学报，2022（1）：131-140.

[14] 郭兴然.河北昌黎近岸海域大型底栖动物群落结构特征研究 [D].天津：天津科技大学，2019：93.

[15] 曹议丹.河北昌黎滦河口湿地景观格局演变及生态系统健康评价研究 [D].石家庄：河北师范大学，2017：69.

[16] 王爽，姜慧婕.河北超额完成滨海湿地岸线岸滩整治修复任务 [N].中国自然资源报，2021-02-24（5）.

[17] 袁振杰.河北七里海潟湖湿地动态演变与环境整治研究 [D].石家庄：河北师范大学，2008：60.

[18] 孙砚峰，武丽娜，李少云，等.河北省滦河口湿地的生物多样性评价 [J].贵州农业科学，2014，42（7）：185-187.

[19] 侯永超.河口湿地大型底栖无脊椎动物对土壤生源要素分布特征的影响 [D].青岛：青岛大学，2020：64.

[20] 裴孟杰，陈中义，史玉虎，等.基于当量因子法评估不同时期洪湖湿地生态系统服务价值 [J].湖北大学学报（自然科学版），2022，44（2）：154-161.

[21] 姜婧怡，张月明，高煜童.基于鸟类栖息地营建的湿地景观设计：以北戴河七里海潟湖湿地为例 [J].园林，2019（6）：56-61.

[22] 宁立新，梁晓瑶，程昌秀.京津冀地区生态系统健康评估及时空变化 [J].生态科学，2021，40（6）：1-12.

[23] 姜淑君.六溴环十二烷在三个河口湿地中的生态风险评价 [D].青岛：青岛大学，2018：51.

[24] 黄艳凤，胡振，周绪申，等.南大港湿地浮游植物多样性现状分析 [J].环境生态学，2020，2（6）：34-38.

[25] 蔡易洁.南大港湿地及周边园区生态健康综合评价研究 [D].石家庄：河北师范大学，2014：41.

[26] 胡丽丽，牟真，王艳丽.南大港湿地水环境现状及影响因素分析 [J].水利建设与管理，2014，34（7）：78-80，46.

[27] 董小锋.人工合成麝香在北戴河湿地沉积物的分布、风险评估以及微塑料对其吸附特征评价 [D].青岛：青岛大学，2019：58.

[28] 王尽文，王燕，黄娟，等.日照潮下带海域大型底栖动物春、秋季群落结构特征及其与环境因子的关系 [J].应用海洋学学报，2021，40（4）：564-574.

[29] 刘峰，孙涛，赵玉涵，等.沙蚕的生态修复作用及虾蚕共育信息化养殖模式 [J].中国畜牧兽医，2018，45（2）：544-551.

[30] 王汝苗.湿地公园环境教育内容体系构建研究 [D].北京:中国林业科学研究院,2018:119.

[31] 杨雪,李辕成,王慧芳,等.水生植物生物量与富营养化水体氮磷含量的关系研究 [J].上海环境科学集,2022(1):34-37.

[32] 刘建波,杨帆,王志春,等.苏打盐渍土区土壤理化性质及植物生物量与微地形空间异质性关系 [J].土壤与作物,2021,10(2):163-176.

[33] 贺文君,韩广轩,颜坤,等.微地形对滨海盐碱地土壤水盐分布和植物生物量的影响 [J].生态学杂志,2021,40(11):3585-3597.

[34] 焦晓双.渭北高原土地利用与生态服务功能响应研究 [J].农业与技术,2021,41(23):85-91.

[35] 张宇.新河入海口潮间带沉积物中新型有机污染物的分布及风险评估 [D].青岛:青岛大学,2019:50.

[36] 杨志焕.亚热带人工湿地植物多样性与人工湿地价值评价 [D].杭州:浙江大学,2006:87.

[37] 刘利,张梅.中国鸭绿江口滨海湿地植物多样性分析 [J].辽东学院学报(自然科学版),2012,19(4):232-236,263.

[38] 陈春华,蔡绍孟,刘建波,等.无人机航测技术在海草床调查中的试点应用 [J].应用海洋学学报,2022,41(4):637-643.

[39] 许战洲,黄良民,黄小平,等.海草生物量和初级生产力研究进展 [J].生态学报,2007,27(6):2594-2602.

[40] 刘炳舰.山东典型海湾大叶藻资源调查与生态恢复的基础研究 [D],青岛:中国科学院海洋研究所,2012:163.

[41] 李文涛,张秀梅.移植大叶藻的形态、生长和繁殖的季节性变化 [J].中国水产科学,2010,17(5):977-986.

[42] 李勇,李文涛,聂猛,等.山东荣成天鹅湖大叶藻形态和生长的季节性变化研究 [J].海洋科学,2014,38(9):39-46.

[43] 杨宗岱.中国海草植物地理学的研究 [J].海洋湖沼通报,1979(2):41-46.

[44] 郑凤英,邱广龙,范航清,等.中国海草的多样性、分布及保护 [J].生物多样性,2013,21(5):517-526.

[45] 范航清,石雅君,邱广龙.中国海草植物 [M].北京:海洋出版社,2009.

[46] 杨宗岱,黄凤鹏.支序分类在海草分类划分中的应用 [J].黄渤海海洋,1993(2):33-37.

[47] 于庆云，鲍萌萌.神秘的海底"绿色草原"：海草床 [J].地球，2021（4）：22-27.

[48] 顾瑞婷.温带沿海中国川蔓草（Ruppia sinensis）种群特征及生态修复潜力研究 [D]，青岛：中国科学院大学（中国科学院海洋研究所），2020：161.

[49] 陈琳，李晨光，李锋民，等.水生态修复植物生长特性比较与应用潜力 [J].环境污染与防治，2022，44（7）：933-938.

[50] 刘鹏远.黄渤海日本鳗草（Zostera japonica）根际细菌群落结构及时空分布特征 [D]，烟台：中国科学院大学（中国科学院烟台海岸带研究所），2019：79.

[51] 柳杰.不同环境条件对天鹅湖大叶藻生长及光合色素含量的影响 [D].青岛：中国海洋大学，2011：80.

[52] WILLIAM C D，ROBERT J O，KENNETH AM.Assessing water quality with submersed aquatic vegetation[J].BioScience，1993，43：86-94.

[53] 蔡泽富，陈石泉，吴钟解，等.海南岛海湾与潟湖中海草的分布差异及影响分析 [J].海洋湖沼通报，2017（3）：74-84.

[54] WAYCOTT M，DUARTE C M，CARRUTHERS T J B，et al.Accelerating loss of seagrasses across the globe threatens coastal ecosystems[J].Proceedings of the National Academy of Sciences of the United States of America，2009，106（30）：12377-12381.

[55] LEE K S，DUNTON K H.Production and carbon reserve dynamics of the seagrass Thalassia testudinum in Corpus Christi bay，Texas，USA[J].Marine Ecology Progress Series，1996，143（1-3）：201-210.

[56] 黄小平，黄良民，李颖虹，等.华南沿海主要海草床及其生境威胁 [J].科学通报，2006（B11）：114-119.

[57] 王道儒，吴钟解，陈春华，等.海南岛海草资源分布现状及存在威胁 [J].海洋环境科学，2012，31（1）：34-38.

[58] 张彦浩，王喜涛，路加，等.荣成天鹅湖鳗草海草床及邻近裸沙区关键环境因子的时空变化特征 [J].海洋环境科学，2022，41（2）：253-259，266.

[59] HOWARD J，HOYT S，ISENSEE K，et al.滨海蓝碳：红树林、盐沼、海草床碳储量和碳排放因子评估方法 [M].陈鹭真，卢伟志，林光辉，译.厦门：厦门大学出版社，2018.

[60] SHORT F T，POLIDORO B，LIVINGSTONE S R，et a1.Extinction risk assessment of the world's seagrass species[J].Biological Conservation，2011，144（7）：1961-1971.

[61] LARKUM A W D，ORTH R J，DUARTE C.Seagrasses：biology，ecology，and conservation[M].Netherlands：Springer.2006：6-91.

[62] MORTON B，BLACKMORE G.South China Sea[J].Marine pollution bulletin，2001，42（12）：1236-1263.

[63] WILLIAMS S L，HECK JR K L.Seagrass community ecology[J].Marine community ecology，2001，317-337.

[64] KOWK-LEUNG Y.Halophila minor （Hydrocharitaceae），a new record with taxonomic notes of the Halophila from the Hong Kong Special Administrative Region，China[J].Acta Phytotaxonomica Sinica，2006，44（4）：457-463.

[65] 李翠华，蔡榕硕，颜秀花.2010—2018年海南东寨港红树林湿地碳收支的变化分析 [J].海洋通报，2020，39（4）：488-497.

[66] 叶嘉晖，邱崇玉，曾文轩，等.海草床沉积物有机碳研究综述 [J].海洋科学，2022，46（9）：130-145.

[67] 陈科屹，王建军，何友均，等.黑龙江大兴安岭重点国有林区森林碳储量及固碳潜力评估 [J].生态环境学报，2022，31（9）：1725-1734.

[68] 张吉统，麦强盛.云南省森林碳汇经济价值评估研究 [J].绿色科技，2022，24（17）：264-268.

[69] WU B，ZHANG W Z，TIAN Y C，et al.Characteristics and Carbon Storage of a Typical Mangrove Island Ecosystem in Beibu Gulf，South China Sea[J].Journal of Resources and Ecology，2022，13（3）：458-465.

[70] 北京市质量技术监督局.平原地区造林项目碳汇核算技术规程：DB11/T 1214-2015[S/OL].北京：北京市园林绿化局，2015：1-24（2015-07-09）[2023-05-13].http：//bzh.scjgj.beijing.gov.cn/bzh/apifile/file/2021/20210325/99501967-af63-415f-bd6a-e837250e979b.PDF

[71] 中国水产科学研究院黄海水产研究所、自然资源部第一海洋研究所.养殖大型藻类和双壳贝类碳汇计量方法 碳储量变化法：HY/T 0305-2021[S].北京：中国标准出版社，2015：1-16.

[72] 贺炬成.广东省红树林湿地生态系统碳汇研究综述 [J].中国林业产业，2021（12）：54-57.

[73] 沈宏琛，刘纪化．海水养殖环境碳汇机制分析 [J]．海洋开发与管理，2022，39（7）：41-46.

[74] 罗红雪，刘松林，江志坚，等．海草床有机碳组成与微生物转化及其对富营养化的响应 [J]．科学通报，2021，66（36）：4649-4663.

[75] 段克，刘峥延，李刚，等．滨海蓝碳生态系统保护与碳交易机制研究 [J]．中国国土资源经济，2021，34（12）：37-47.

[76] 李梦．广西海草床沉积物碳储量研究 [D]．南宁：广西师范学院，2018：64.

[77] 刘松林，江志坚，邓益琴，等．海草凋落叶分解对沉积物有机碳组成及其关键转化过程的影响 [J]．中国科学：地球科学，2017，47（12）：1425-1435.

[78] 陈鹭真．地表高程监测在滨海蓝碳碳收支评估中的应用 [J]．海洋与湖沼，2022，53（2）：261-268.

[79] 周晨昊，毛覃愉，徐晓，等．中国海岸带蓝碳生态系统碳汇潜力的初步分析 [J]．中国科学：生命科学，2016，46（4）：475-486.

[80] 周金戈，覃国铭，张靖凡，等．中国盐沼湿地蓝碳碳汇研究及进展 [J]．热带亚热带植物学报，2022，30（6）：765-781.

[81] 韩广轩，宋维民，李远，等．海岸带蓝碳增汇：理念、技术与未来建议 [J]．中国科学院院刊，2023，38（3）：492-503.

[82] 李捷，刘译蔓，孙辉，等．中国海岸带蓝碳现状分析 [J]．环境科学与技术，2019，42（10）：207-216.

[83] 唐剑武，叶属峰，陈雪初，等．海岸带蓝碳的科学概念、研究方法以及在生态恢复中的应用 [J]．中国科学：地球科学，2018，48（6）：661-670.

[84] 翟万江．实施"双碳"目标 助力绿色发展：国内外碳达峰碳中和标准体系梳理 [J]．中国科技产业，2022（6）：26-31.

[85] 章海波，骆永明，刘兴华，等．海岸带蓝碳研究及其展望 [J]．中国科学：地球科学，2015，45（11）：1641-1648.

[86] 杨红生，许帅，林承刚，等．典型海域生境修复与生物资源养护研究进展与展望 [J]．海洋与湖沼，2020，51（4）：809-820.

[87] 毛伟，赵杨赫，何博浩，等．海草生态系统退化机制及修复对策综述 [J]．中国沙漠，2022，42（1）：87-95.

[88] 于蕴泽，刘辉．鳗草海草床生态修复方案研究 [C]．中国环境科学学会 2021 年科学技术年会：环境工程技术创新与应用分会场论文集（四），2021.

[89] 李森，范航清，邱广龙，等．海草床恢复研究进展 [J]．生态学报，2010，30（9）：2443-2453.

[90] 刘鹏，周毅，刘炳舰，等.大叶藻海草床的生态恢复：根茎棉线绑石移植法及其效果 [J].海洋科学，2013，37（10）：1-8.

[91] 张典.我国海草床保护与修复研究获进展 [N].中国自然资源报，2021-07-21（5）.

[92] 王丽荣,于红兵,李翠田,等.海洋生态系统修复研究进展 [J].应用海洋学学报，2018，37（3）：435-446.